天下文化

BELIEVE IN READING

你有正確回答問題嗎？

Answer Intelligence: Raise Your AQ

提高AQ的六個方法

布萊恩．格里布考斯基 博士——著
Brian Glibkowski, Ph.D.
張玄竺——譯

天下文化 遠見雜誌

盛讚推薦

我們知道個人與組織的成功取決於有影響力的溝通，但對於如何透過回答問題來連結思考與發揮影響力卻幾無所知。如果我早一點知道AQ，一定會成為更好的領導人。

—— 麥克・索恩克（Mike Soenke）
美國麥當勞副總裁暨財務長

銷售能力不只對銷售人員來說很重要，也對想要透過政治技巧（political skill）推銷構想的任何人來說都很重要。本書中的銷售AQ章節利用數據驅動的方法，成功探索銷售對話的各個階段，提供讀者驚人的洞見，了解銷售雙方如何採取行動，以獲取成功的結果。當我在計畫下一個大型銷售案時，總是會把這本書放在架上當參考。

—— 辛蒂・谷溫莎（Cindy Goodwin-Sak）
思科（Cisco）全球資安暨銷售工程副總裁

品牌誠信（brand authenticity）與品牌和利益關係人連結的重要性達到高峰。本書採取全面且追根究柢的觀點，讓人了解品牌對組織效能有多麼關鍵。

——小保羅・夸蘭托（Paul A. Quaranto, Jr）

工商管理碩士、LIMRA認證講師、波士頓互助人壽保險公司（Boston Mutual Life Insurance Company）董事長與執行長暨總裁

大部分銷售專業人員都學到怎麼提問才能賣更多，卻不了解高效率的銷售對話在於「如何聰明的回答問題」。AQ講的是問題與答案背後的涵義，讓銷售員能夠更了解買家、溝通更有意義。

——戴文・里德（Devin Reed）

Gong顧問公司內容策略負責人

本書主軸新穎、實用，案例絕妙而精采絕倫，重點不只是「說什麼」，而是「怎麼說」。

——格蕾思・李曼（Grace Lemmon）

帝博大學（DePaul University）管理學助理教授

本書睿智、見解深刻、條理分明，是AQ的經典之作。作者以清晰且引人深省的方式，簡潔明了的定義回答問題的架構，並且和真實世界連結。此外還提供讀者成功的關鍵，

也就是應用法則。對於想要成為溝通對話專家的人來說，本書必不可缺。如果要說「哪一本書是解釋回答問題藝術的最佳作品？」本書已經透過故事、譬喻以及嚴謹的學術探討，巧妙的凸顯出這個問題的答案。

——鮑伯・庫漢（Bob Kulhan）企業創辦人暨執行長、
《讓客戶說「好」》（*Getting to Yes And*）作者

這本書對專業銷售人員來說太珍貴了，簡直可以稱為「銷售對話智慧」！作者與協力人員提供架構嚴謹的指引，讓讀者了解如何提升銷售漏斗（sales funnel）流程中每一次對話的品質。在探索環節中，提問的品質將主宰答案的品質，一直到關鍵的成交環節中，有效回答困難問題的能力將決定成敗；不論哪個環節，本書都能幫助讀者提升對話品質。簡單來說，AQ能夠無止盡的提升銷售表現。

——克里斯・懷特（Chris White）
《高效率銷售工程師的六個習慣》（*The Six Habits of Highly Effective Sales Engineers*）作者

商業界必讀作品！作者與本書協力人員確切解答出許多企業領導人一輩子也想不透的問題。

——湯姆・金貝爾（Tom Gimbel）
拉薩爾人力資源公司（LaSalle Network）總裁暨執行長

對於要進入職場的學生來說，面試AQ是重要、必須準備好的能力。

——珊迪・韋恩博士（Sandy J. Wayne, Ph.D.）
伊利諾大學芝加哥分校（University of Illinois at Chicago）
管理學教授

本書是充滿洞見又實用的指南，可以讓提問與回答的互動成為更有效率的溝通手段。

——喬瑟夫・卡斯貝洛（Joseph P. Gaspero）
健康創新中心（Center for Health Innovation）共同創辦人暨
執行長

由於有數據提供強而有力的背書，銷售AQ的章節也因而效果卓越！AQ的架構讓我們的銷售團隊提供更多量身訂做的對話模式，因此帶來更好的客戶體驗。

——詹姆士・凱基斯（James Kaikis）
PreSales Collective銷售顧問公司共同創辦人

AQ是客戶關係領域長久以來最大難題的解答。健康管理產業中每一個人都需要這些技能，才能合宜、有效且具同理心的回答客戶的問題。管理業界同樣需要這本書，而且無論是新手或經驗豐富的專家，都應該把本書列入閱讀清單！

——萊恩・德克爾（Ryan Decker）
北方中央學院經濟金融助理教授、
財務素養中心（Center for Financial Literacy）理事

謹將本書獻給我的妻子珍妮佛（Jeniffer），

以及兩個兒子荷頓（Holden）與亨利（Henry）。

你們是我的靈感泉源，

你們的支持是我每日的養分。

目 次　CONTENTS

圖表目錄

前言
置物架上的資料夾

在管理學院攻讀博士的第二年，為了向某個快速成長的軟體公司暨研究單位提出回饋報告，我從伊利諾州的芝加哥跨越整個美國來到德州的奧斯汀。我讀的博士課程包含領導、動機、文化、團隊協作、協商，以及所有和組織行為相關的重要主題。現在，我終於踏入這個領域。就像烹飪學校的學生都想在五星級餐廳工作、醫學院學生想要成為外科醫生拯救生命一樣，身為管理學院的博士生，我很希望蒐集到研究數據，發表在經由同儕審查的頂尖學術期刊上。眼前的機會讓人非常興奮，我要趁機提出研究問題、成為團隊成員，最後向全世界的管理知識體系發揮貢獻。

在蒐集數據之前，我的工作包含設計問卷這類學術日常工作。我找來幾種問卷調查的方法測試假說，並且在主管的指示下，另外找到能夠引起客戶興趣的問卷題目。理想的情況是，研究團隊與客戶的興趣一致；但通常的實際狀況是，雙方頂多只有部分的興趣重疊，研究計畫更像是把兩份不同的問卷整合成一份。一般顧問諮詢是由客戶付費，通常會聚焦在他們的需求上。而學術研究沒有客戶出錢，研究團隊會蒐集他們有興趣的數據，由客戶選擇要透過問卷檢視的主題。位於奧斯汀的軟體公司對於增進組織內部的領導力很有興趣。

身為研究助理，我的職責是找出影響領導能力最重要的變數，並且把變數整合客戶相關的問卷題目。一般來說，問卷的時長不能超過10分鐘，要讓受試者在感到疲倦或失去興趣以前回答完所有問題。這表示我們為客戶保留的空檔大概占5分鐘左右。假設受試者每3秒鐘回答1個問題，5分鐘就可以回答100個問題（60秒×5分鐘＝300秒；300秒÷3秒＝100個問題）。這100個問題可能來自現有文獻，也可能經過改寫，或是特別為問卷而設計。我的工作就是好好運用那珍貴的100個問題。

我完成工作了。我查閱領導力相關文獻資料，如同在領導力領域的傑出教授帶領下走完全程。查閱文獻等於透過專家的觀點，看出哪些領導力理論最重要。情境領導（situational leadership）、領導者－部屬交換（leader-member exchange）、路徑－目標理論（path-goal theory）、僕人式領導（servant leadership），以及所有重要的領導理論一一展示在我眼前，就像是在一趟獵遊之旅當中看見各式各樣的動物。接下來，為了增加樣本數與不可或缺的檢定力（指準確探測統計相關性的能力），我開始檢視領導力的整合分析報告（meta-analysis），每一份報告都結合好幾份研究報告的統計結果。檢視整合分析報告就像是在獵遊之旅中使用全球定位系統（GPS）找出被標記的動物。最後，我開始動工，並且回顧那些研究論文。探索完畢時，我已經列出最重要的變數，並且將它們和問卷題目串聯起來。

當我擬好問卷、蒐集並且分析完數據，也準備好問卷結果時，我被派去向高階主管進行回饋報告。那是我擔任嚮導並帶領他們走上獵遊之旅的機會，我的簡報驚艷、讓人興奮、資訊豐富；但可惜實際上不是這樣，主管覺得我的報告很無聊、虎頭蛇尾。這讓我信心全失。我能想像簡報過後，我們準備的那本厚厚的資料夾會變成他們置物架上的裝飾品，一旦放上去，就等著長灰塵，無人聞問。我們明明有最棒的領導理論，問卷結果提供的解決方法也很明確，到底哪裡出錯了？

置物架上那本資料夾就是「回答智力」（Answer Intelligence，簡稱AQ）的起源；註冊商標為(AQ)™。打從那天坐上飛機回家開始，到我接著完成博士研究、畢業，以及受聘於兩所大學擔任教授，同時從事客戶諮商等，一切總會連結回到奧斯汀，因為我一直想知道到底哪裡出了錯。

在那次痛苦難忘的經驗之後，我努力反省、回溯當初的假設。以學術研究方法的精神來說，最重要的就是「研究問題」。令人訝異的是，博士課程並沒有開課探討研究問題，滿腔熱血的研究者多半只能靠前人「傳承技藝」，從資深同事身上觀察、學習，或是透過嘗試和犯錯的經驗，學會如何提出問題。很快的，我就發現從提出問題的假設延伸到回答問題，都沒有明確的基礎可以參考，更不用提進一步發展。於是，我沉迷於研究提問與回答，並且深信奧斯汀發生的狀況必然和這兩者有關。

我發現到，學術研究者和業界人士問的問題不一樣。在奧斯汀，我們會將兩份不同的問卷調查整合成一份。但是基本上，學術問題和實際問題差很多。學生時代，我們都學過如何提出六個W問題：做什麼（what）、為什麼（why）、什麼時候（when）、在哪裡（where）、是誰（who）以及怎麼做（how）。學者主要關心「為什麼」的問題，也就是假說是否可以驗證；相反的，業界人士關心的是「怎麼做」的問題，以及有哪些實用的建議。而我針對提問所發表的研究論文，受到人力資源發展學會（Academy of Human Resource Development）評選為改變21世紀的十大論文之一。[1]

1 Glibkowski, McGinnis, Gillespie, & Schommer, n.d..

論文發表之後，我把重心從「提問」轉到「回答」。我還漸漸發現到，我們對「答案」的知識鴻溝，遠大於我們理解「問題」的所有鴻溝。為了確認這個鴻溝有多大，我開始專心觀察一件簡單的事情，那就是：我們有不同類別的「問題」，也就是六個W問題，卻沒有不同類別的「答案」。回想學生時代，我學到六種提問的方法，卻沒有一堂課教我們回答問題的方法。我開始意識到置物架上那個資料夾在研究「回答」上有多重要。當時我們不只沒有提出六個W問題，也沒有針對主管最有興趣的問題提出答覆。自我反省過後，我與同事開始和《高爾夫文摘》（*Golf Digest*）與《高爾夫雜誌》（*Golf Magazine*）評選出的全球最佳高爾夫球教練合作，著手研究「回答」。（我知道有人想問：「為什麼是高爾夫球？」我會在第2章回答這個問題。）我們根據這項研究發表學術論文，分析六種答案類型：故事、譬喻、理論、概念、程序與行動。[2]在後來的研究、顧問工作與TED演講中，我都把這份原始論文延伸作為AQ的溝通範例。本書要介紹的是一種全新的溝通範例，以「回答」為主軸，著重於AQ的必要性、組成，以及應用。[3]

---

2 McGinnis, Glibowski, & Lemmon, 2016.

3 https://www.youtube.com/watch?v57eeXf5dfJRE.

本書概要

本書的主軸在於「回答」。我們知道回答很重要，但是直到現在都沒有比較嚴謹的研究。AQ不只是提高回答層次的能力，也是本書探討的重點。

本書共分為四部，第1部針對提問與回答進行總覽，包含我發表過的學術研究、AQ核心的六種回答類型（故事、譬喻、理論、概念、程序與行動），以及能夠提升回答層次的五種高AQ實踐法。第2部會詳細探討五種高AQ實踐法，能夠對症下藥提升回答智力。第3部著重在高AQ對話，根據不同範疇來運用AQ，像是面試AQ、銷售AQ、培訓AQ、品牌AQ、理財AQ，以及醫病AQ。為符合實際情況並增加對話深度，我邀請到各領域的高階主管、專家與學者共同撰寫。各位讀者將會在這些章節對AQ產生最多好奇心，所以我也會在第3部說明如何學習AQ，最後談到如何將AQ運用到重要的對話當中。

第4部將重新探討一個隱含其中、卻還沒有說清楚的問題：我們需要AQ嗎？為了回答這個問題，我們會一起檢視現有的幾種溝通與智力理論。有理論認為AQ很獨特，能夠增加價值，並且必須列入現有的溝通與各種智力領域當中。

有些讀者可能喜歡從第1部讀起，接著讀第4部，再回頭讀第2部與第3部。但是，我想大部分讀者都會喜歡我所整理出來的順序，這樣的安排能讓各位快速入門，隨著內容的推展而漸入佳境、深入細節。

最後，有興趣的讀者可以到www.rasieyouraq.com進行線上測試，並且參考其他相關資源。

第 1 部

AQ簡介

01
請用心回答

伏爾泰（Voltaire）：「評價一個人要看他問的問題，而不是看他的回答。」他的意思是，從提問可以看出性格。

愛爾蘭搖滾樂團U2主唱波諾（Bono）：「我們以為已經得到答案，其實是自己問錯問題。」他的意思是，問問題很難。

愛因斯坦（Einstein）：「如果只有一個小時解決問題……我會先花55分鐘思考怎麼問對問題。」他的意思是，我們應該把時間花在提問上。

從以上引言看得出來，社會上的傑出人士更重視問題，而不是回答。學校裡的孩子都知道問題分為六種類型（也就是6W問題：做什麼、為什麼、什麼時候、在哪裡、是誰、怎麼做），然而如果繼續追問下去，他們卻說不出答案有哪幾種。教授很重視「研究題目」，但「研究答案」卻從來都不存在；美國的中學教育到高等教育也都著重「提問」。即使是學校之外的地方，同樣強調「提問」。像是銷售方法的焦點在於「提問」，而不是「回答」，而且用「問題」當作書名的商業書比用「回答」作為書名的書多了三倍！*這樣不平衡的狀況顯而易見，整個社會都注重提問更甚回答。

大家總是有個基礎的謬誤，誤認為答案會隨著問題產生，就像在燒杯裡加入化學藥劑就會產生化學反應一樣。一般的化學反應稀鬆平常，因果關係也是理所當然。想像一下，如果你站在後院的露臺上，看著身旁的花花草草。當二氧化碳與水結合產生氧氣，就形成光合作用；每次烤肉時，摩擦火柴生火就是燃燒反應；而你坐的金屬椅子出現鏽跡，是因為鐵與氧氣結合產生的氧化作用。如果結合正確的化學物質，就會產生化學反應。這是因果模型。

「因果模型」與「流程模型」經常被混為一談。其實，就算問對問題，答案也不一定會跟著出現，因為問答屬於一種「流程模型」。人類從生命最初就不斷提出問題，像是「我們是宇宙中唯一的生命嗎？」，我們仍舊沒有答案；關於「我長大後想做什麼？」，很多孩子找不到答案，就連大人也是；至於「我應該錄取誰？」，則是很多公司都答錯，所以流動率很高。在因果模型中，以化學反應為例，把焦點放在「輸入」（input）合情合理。如果選對化學物質，就一

---

* 作者注：於亞馬遜網站上針對「商業與金錢」書籍類別進行關鍵字搜尋的結果。

定會產生化學反應。然而，即使問對問題，正確答案也不一定會跟著出現。

以下舉個例子說明，就算正確的提出問題並不表示會得到正確的回答。我曾參與一項顧問計畫，那間公司的流動率出了狀況，而且問題顯而易見：「為什麼員工會離職？」但客戶就是找不到答案。我的專長在於提出理論與測試理論，所以我提出一項流動率理論來回答他們的問題。我可以檢視員工流動率的學術文獻，並提出理論模型（暫訂的答案），再來蒐集資料、確認答案。我會被雇用，就是因為我善於回答，而不是因為懂得提問。

雖然這看似沒道理，因為畢竟伏爾泰、波諾與愛因斯坦都對提問評價甚高。然而，問答不像連鎖反應，答案並不會隨著問題而來。實際上，我的客戶確實經常問對問題，但他們卻缺乏找出答案的能力。和社會普遍認知不同的是，在財務支出這個領域裡，我經常會因為有能力提供理論角度的答案而受雇為顧問，而不是因為我會提問。

正是在這個時候，我對「回答」的好奇心達到巔峰，於是發起學術研究，和世界頂尖的高爾夫球教練合作（參見第2章），探尋回答的本質。我對「回答」的理解因此加深，並且和同事共同歸納出六種答案類型（理論、概念、故事、譬喻、程序、行動）。這項研究也指出，這些答案如何對應到對話中最主要的幾個問題（為什麼、做什麼、怎麼做）。舉例來說，「為什麼」的問題要用理論與故事來回答；「做什麼」的問題要用概念與譬喻來回答；「怎麼做」的問題則要用程序與行動來回答。

最後，我把這個框架稱為「回答智力」（AQ），代表的是一種以「回答」為核心的溝通能力，而且任何人都可以增強這樣的能力。就連剛開始做研究的時候，AQ的框架也幫助我改善和其他人的對話。像是「為什麼員工會離職？」的問題，就可以用理論與故事來回答。有了AQ，我就可以透過故事加上理論，來延伸對話範圍，並且大幅提升對話的品質。

和頂尖高爾夫球教練一起做研究之前，我經常使用理論（其中一種答案類型）來回答問題。我的顧問工作都是以個人能力為基礎，我可以幫客戶找到理論模型並進行測試。而且，和許多客戶對話的經驗，讓我更加了解理論的缺點。舉例來說，當我要用理論來解釋流動率並測試原因時，如果客戶能夠提供理論模型中遺漏的資訊，我就能夠調整、改善。畢竟客戶最清楚狀況，他們的洞見是關鍵。為了從客戶身上獲取資訊，我會向他們展示理論模型圖表，並且詢問當中是否遺漏哪些資訊。這種做法在某個程度上滿有成效，但結果經常讓人挫敗，因為客戶可能會說：「沒有需要補充的資料。」「看起來很抽象。」「什麼是調節變數？」簡單來說，他們通常不會用冰冷客觀的理論角度來看待問題，自然也無法了解其中的細節。這一點都不讓人意外，畢竟這就是我受雇的理由：要提出並測試一項他們無法理解的理論。

然而，我還是需要客戶配合參與，才能得到建立理論模型的重要資訊。於是，這些挫敗感以及我從研究中得到的AQ靈感，讓我開始試著用故事回答「為什麼」的問題。敘事學學者認為，除了語言能力，造就我們成為人類的原因，就在於我們具備說故事的能力。所以，我開始請客戶說故事。例如，我會請他們敘述員工離職的普遍原因：「可以舉例說明員工為什麼要離職嗎？」或者我會請他們具體說出高流動率帶來的影響：「可以舉例說明主管對員工流動率的重要影響力嗎？」我發現高階主管很會說有意義的故事，而且不論什麼主題都能說得很好；他們的故事中富含各種有關員工離職的細節。我了解到員工離職對公司業務的影響、員工的情緒負擔，以及主管對於員工離職的各種臆測。只要仔細聆聽他們的故事，就能找到無數相關細節。以往我用理論和客戶溝通時，對話總是緊湊又貧乏，但現在的狀況完全不同，形成強烈對比。

我開始重視帶有論點的故事（例如「因為主管很糟，員工才會離職」），而這些論點可以轉變成理論性的答案。

理論就是變數之間的因果關係（例如：主管→離職）。透過這個轉換過程，我才能把故事的幾個面向轉化成個別的變數，並且補充到理論模型裡，或是進行排序。某一次用故事和客戶溝通的正向經驗，讓我轉而專注在其他客戶的故事上。最後，每次顧問專案一開始，我都會蒐集客戶公司的故事。接著，這些故事將轉譯成為理論模型，而我會幫客戶進行測試。出乎意料又令人開心的是，我發現當我把客戶的故事轉成理論時，高階主管會變得很投入，注入他們故事的理論也更加有意義。當我提出因果關係理論的圖表時，高階主管都樂於互動，還會針對理論模型提問，並且積極提出改善理論的建議。這讓我更加沉迷。

回答很重要，AQ改變我的對話經驗，我相信AQ也可以同樣幫助別人。在早期的AQ實驗中，我就已經得到幾項重要結論：

- 答案共有六種類型，這是我和高爾夫球教練一起發現的。從我的對話經驗當中，我已經確認這六種答案類型確實很有價值。我一開始用理論與故事做實驗，不久又在重要的客戶對話、課堂以及家中探索其他四種答案類型（概念、譬喻、程序、行動）。

- 問題會決定答案的走向。因為我對理論很有興趣，所以最先確定要用理論與故事回答「為什麼」的問題。不久後，我找出「概念」與「譬喻」可以回答「做什麼」的問題；「程序」與「行動」則可以回答「怎麼做」的問題。一旦了解不同問題類型對應的答案類型，可以進一步得知關於回答與提問的更多細節，還指出有效對話的嶄新認知（重點在問題與答案之間的關係）。

- 我很早就發現，每個人對回答方式有不同的偏好。我的客戶通常比較喜歡用故事溝通，而不是用理論溝通。因為故事可以營造出理論所缺乏的情感共鳴。然而，我的學術界同事，還有一些企業裡的人，反而更偏好理論，因為理論很客觀、有條理，而且特色是可以驗證。

- AQ是一種可以提升的技能。這項理論的核心是因果關係，這個簡單的架構包含兩個有關聯的變數（X→Y）。任何人都能夠學會，而且可以透過訓練擴拓展技能的深度，把能力發揮得更好。畢竟顧客雇用我是因為我有能力提供理論答案，而這正是我在正式的博士訓練中發展出來的能力。我在理論開發方面訓練有素，了解中介變數（mediator）和調節變數

（moderator）的差異，也知道怎麼在各個層面劃分變數，從統計上的影響力來評估，員工究竟是因為企業文化還是因為主管才會離職。

同樣的，說故事的能力也可以提升，而且建構核心故事很簡單，一個場景裡有人物與主題即可，所以我們看電影時都知道裡面的故事內容。而且就像理論一樣，說故事的能力可以訓練，用故事回答問題的能力也可以透過訓練改善。舉例來說，在學習說故事時，我就學到不同的敘事結構，像是三幕劇（three-act play）*。我會把三幕劇的結構加入簡報中，創造戲劇效果。舉例來說，在課堂上，我會在舞台（教室前方的講台）上的三個點走動，每一次移動都代表課程內容的重心轉移，從開始轉到中間再到結尾。

除了理論與故事，我也找到其他四種答案類型（概念、譬喻、程序與行動），每一種類型都是代表可以精進提升的技能。

* 編注：指一種劇本結構，也是講故事時至少要安排的三個關鍵，分為觸發、衝突與解決。觸發是引進主要人物，確定故事的走向；衝突是故事人物為了某個目的而遭遇的起伏波折；解決則是故事人物經過衝突後得到的定位，可能成功達到目標，也可能失敗甚至死亡等，或是呈現開放式結局。

02
來自高爾夫球課堂的AQ

為了了解「回答」是什麼，我與同事發表了一篇和「回答」有關的文章，研究對象是全球頂尖的高爾夫球教練。[1]為什麼是高爾夫球？首先，我們從《高爾夫文摘》的全球前50名名單，以及《高爾夫雜誌》的全球前100名的名單中，找到25位全球頂尖高爾夫球教練進行訪談。全美國有超過2萬5,000名高爾夫球教練，其中150位是獲得認可的頂尖高爾夫球好手，而我們訪問的正是其中的25位。因此，我們的研究對象是專業領域頂端1%的專家。研究專業人士有幾個好處，他們具備更優秀的態度、行為與技能。因為我們的研究和「回答」有關，以專家為研究對象，就更能夠知道哪些答案更重要、有什麼關鍵特質，以及如何結合不同的答案才會更有效率。

其次，頂尖高爾夫球教練也是很吸引人的研究樣本，因為他們會和形形色色的客戶合作。舉例來說，我們研究的

1　McGinnis, Glibkowski, & Lemmon, 2016.

教練會接觸到只有週末才出門運動的人、電視上看得到的旅遊專家，或是一般人家中第一次拿球桿的女兒。總而言之，他們有各種不同面向的學生，可能是專業人士或初學者、高爾夫愛好者，或只是把高爾夫球當作興趣的人，也可能是知識分子或不學無術的人。以學術角度來說，他們的對話內容沒有範圍的限制，這一點非常重要，因為這樣研究結果才能歸納出各種情境。而且實際上，隨著本書內容拓展，各位會發現這項高爾夫球研究可以用在會議室、教室、餐桌上，或是任何需要提升回答品質的地方。

知識轉換

這項研究是從「問題」開始，具體而言，我們檢視六種W問題（做什麼、為什麼、什麼時候、在哪裡、是誰、怎麼做），透過持續的訪談，研究每一位高爾夫球教練針對這些問題提供的回答。接著，我們找出一種最簡單的方法來連結問題與答案。這個過程的結果顯示出知識很重要，根據推測，我們尤其認為人們會提問，是因為知識有斷層，而答案則代表用來填補斷層的各種知識類型。我們根據這些最初的發現，把知識分為三種類型：闡述型知識、結構型知識、

表2.1 各種知識類型的問題與答案

知識類型	問題	答案類型
闡述型知識	為什麼？	理論、故事
結構型知識	做什麼？	概念、譬喻
程序型知識	怎麼做？	程序、行動

程序型知識。

闡述型知識

闡述型知識和理解各種概念有關。例如，我們提出一個假設性問題：「如果學生問你『什麼是動態平衡？』，你身為教練要怎麼回答？」首先，高爾夫球教練可以定義或描述動態平衡的概念指的是身體的平衡點，以及平衡點隨著揮桿會出現哪些轉變。曾指導美國職棒投手賽揚（Cy Young）打高爾夫球的教練用以下的比喻回答問題：「高爾夫球的揮桿就像棒球的 ＿＿＿＿。」他要我填空。雖然我不會打高爾夫球，但我準備好答案了：「高爾夫球的揮桿就像棒球的揮棒。」結果我答錯了。這位教練告訴我：「高爾夫球的揮桿就像棒球的投球，兩者的動態平衡完全相同。」如果你是像賽揚那樣優秀的投手，自然很了解投球，那麼用棒球的投球動作來比喻高爾夫球的揮桿動作，動態平衡的概念就再清楚不過了。這樣的例子就是譬喻。總之，「做什麼」的問題和闡述型知識有關，需要用概念與譬喻來填補知識斷層。

結構型知識

我訪問高爾夫球界以外的人，確認我們最初的發現也可以用在其他領域。其中一位受訪者是屢獲勳章的美國海豹部隊隊員，我問他：「為什麼海豹部隊這麼成功？」他接著告訴我一個故事。他有一次出任務是要抓捕或處決叛亂份子，因為他們在菲律賓斬首殺害當地人。這位海豹部隊隊員坐在重裝悍馬車上，前往村莊長者的住所。當他抵達長者居住的小屋，便走下車、卸下身上所有的裝備。接著他進到屋裡，就地坐在長者旁邊。他們的會面很順利，幾週後，長者供出叛亂份子的名單。

理論是和故事相對的邏輯方法。這位隊員用理論的方式來講故事。根據資源理論[2]，他可以提供六種資源來說服村莊長者。如果採取極端的方法，他可以給錢（經濟資源）；另一種極端方式則是讓長者參與計畫（社會資源）。這位隊員從多年成功經驗中發現，要取得成功、完成任務，最重要的資源是「地位」。在這個故事裡，這位經驗豐富的隊員接

2 Foa & Foa, 1974.

近小屋前就卸下裝備，並且在進屋後馬上坐在長者身旁，透過這些舉動充分展現出尊重，以及臣服於長者地位的表現。在東方文化中，坐在對方身旁是表示尊重。相反的，如果菜鳥隊員沒有卸下裝備，可能會冒犯到長者的地位因而遭到槍擊，或是他依照西方文化慣例坐在長者對面，反而顯得唐突冒犯。

結構型知識和了解概念之間的交互關係有關。理論可以透過因果邏輯解釋交互關係，而在故事裡，因果邏輯就是主旨。為什麼海豹部隊會成功？我們可以想像到，這位隊員

圖2.2　資源理論

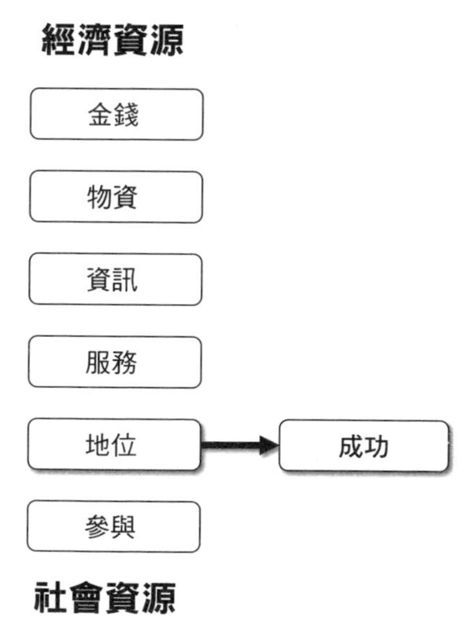

提供的故事與理論答案可能是海豹部隊的訓練內容，也許這是讓訓練更精實的方法。訓練一支海豹部隊要花50萬美元（約1,500萬新台幣），之後每年要花1,000萬美元才能維持部隊運作。[3]除了這些開銷以外，海豹部隊有可能犯錯。好的故事可以引發共鳴；好的理論回答可以確保對故事的解讀不偏離主旨。除此之外，強調理論的策略性選擇，例如上述例子中海豹部隊選擇最有利的資源。總而言之，「為什麼」的問題之所以出現，是因為結構型知識不完整，而這可以用理論與故事來回答。

程序型知識

程序型知識和可達成的任務與取得結果有關。程序與行動很類似，但卻不同。不妨想想這個問題：「如何烤蛋糕？」如果用Google搜尋，會出現食譜，而食譜就是一連串行動的程序。當我們強調做蛋糕的十個步驟，就是勾勒出一套程序。採取行動時，則是跟著程序中的所有步驟去做，例如打雞蛋。因此，「如何做」的問題和程序型知識的鴻溝有關，需要用程序與行動來回答。

3 https://www.quora.com/How-much-does-a-Navy-SEAL-cost-in-terms-of-equipment-and-training- per-year.

情境知識

找到屬於你的海灘！

——可樂娜（獲獎啤酒廣告）

隨著研究繼續進行，我與同事開始抽絲剝繭，檢視「什麼時候」與「在哪裡」的問題。這兩種問題代表情境，而且答案顯然會依據情境改變。舉例來說，想像你在2020年參加ABC軟體公司的面試，他們帶你從大廳走向面試地點，你在那裡等待面試官。你調查過這間公司，知道他們的員工流動率很高。面試開始後，對方果然拋出幾個重點問題。但你做過功課，所以氣定神閒的提出可以改善流動率的最佳理論，以及以管理者身分成功降低流動率的精采故事。

現在，請想像另一種情境，你面試的這間公司績效出狀況。沒問題，你做過功課，所以氣定神閒的提出可以改善績效的最佳理論，以及以管理者身分成功提升績效的精采故事。更大略的說，如果要被錄取，六種答案（故事、譬喻、理論、概念、程序、行動）都要考慮到情境。

情境、什麼時候或是在哪裡等資訊，一般會被視為和時間與地點有關。然而，真正的情境呈現的是心境。2013年，可樂娜啤酒（Corona Beer）「找到屬於你的海灘」的宣傳活動獲得艾菲獎金獎（Gold Effie），表彰他們的行銷活動在全球都享有成效。宣傳活動期間，各個廣告都將海灘比喻為一種無論時間（什麼時候）、地點（在哪裡）都能到達的心境。舉例來說，其中一則廣告的主角是坐在擁擠飛機走道座位上的乘客。他向空服員點了一瓶可樂娜啤酒，接過啤酒時，他便瞬間移動到一片寧靜的海灘上，椅子也變成海灘椅。這則廣告的高潮是，走道另一側一位女乘客向空服員說：「我也要一瓶。」最後的場景是他們兩人享受著海風，坐在海灘椅上互碰啤酒瓶。

「什麼時候」與「在哪裡」就和時間與地點一樣，代表真實的情境，也呈現出對世界的客觀感受與主觀看法。客觀知識和左腦有關，連結客觀、邏輯性的連續思維。我們的左腦偏好理論、概念與程序類型的答案。而右腦則相對主觀、有創意、隨興，偏好故事、譬喻與行動類型的答案。因此，在先前的面試案例中，解決問題（流動率或績效）的知識被轉譯成理論（客觀答案）與故事（主觀答案）。照這麼看來，這些答案會同時吸引兩側的大腦。

總而言之，我們推演出一個3×2的對話矩陣，可以說明前景知識（對話重點）與背景知識（情境）。前景知識指的是對話重點，包含為什麼、做什麼、怎麼做的問題與相對應的答案，背景知識則可以劃分為主觀與客觀知識，都代表

圖2.3 對話（問答）的前景與背景知識

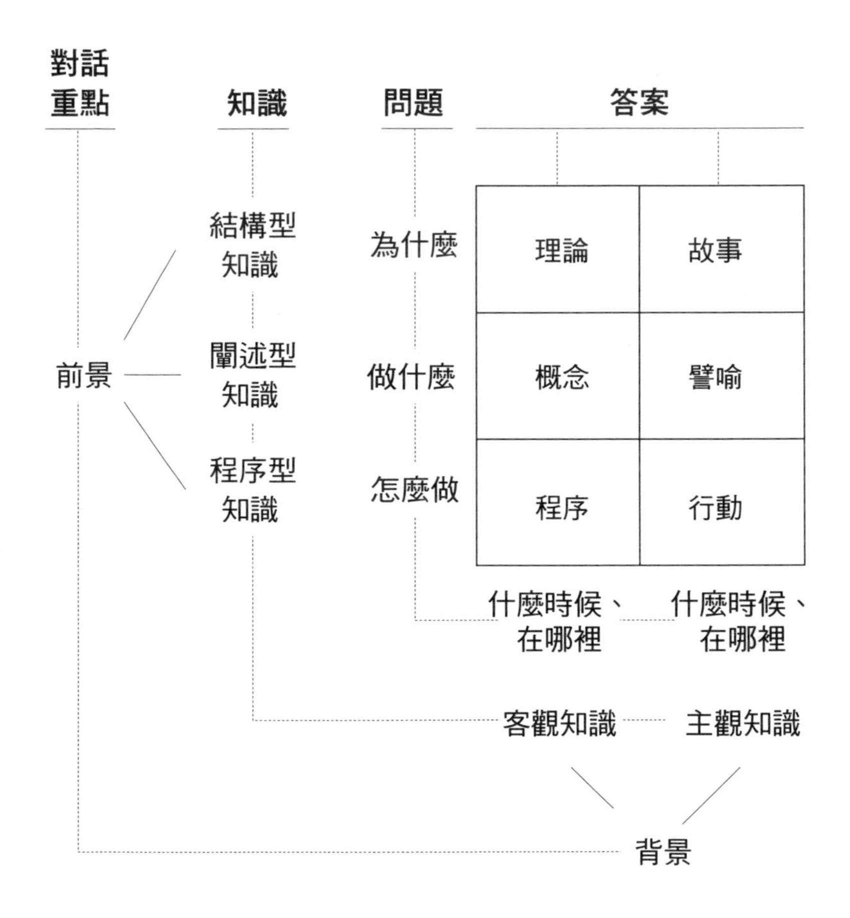

對話者對世界的理解。

大多數對話都包含客觀或主觀知識，多半需要六種全部的答案類型。舉例來說，在面試中提出六種答案類型，能夠增加錄取的機會。如果不能用故事來說明你為什麼能勝任這份工作，或是無法提出程序來解釋你對工作的周詳計畫，你能想像會發生什麼事嗎？在銷售領域，這六種答案類型都能幫你拿下訂單。如果無法解釋自己的產品和別人的產品有什麼不同（行動類型的答案），或是無法解釋你提出的解決方案和客戶的策略有什麼關係（理論類型的答案），肯定無法拿下訂單。六種答案類型都需要訓練才能夠達到完整的理解。如果你正在進行領導力訓練，（以概念）定義「領導力」很重要，因為領導力的定義有好幾百項。此外，要把老套的領導力定義變得活靈活現，譬喻可以用有趣的方式為領導力的主題提供骨架。在前文提到的例子中，所有答案都很重要。

然而，在任何一場面試、銷售或訓練當中，主觀或客觀答案可能有一方更重要。例如面試時，面試官可能擔心求職者不具有大局思維。因此，如果求職者強調客觀答案（理論與概念），就能夠讓面試官放下疑慮。銷售商品時，買方可能對賣方的產品沒有共鳴。這時業務員就可以利用故事、提供主觀的答案來建立感情與個人的連結。最後，在培訓時，學員可能知道領導力很重要，但他們想知道的是，如何成為更好的領導者。在這種情況下，程序與行動類型的答案代表客觀與主觀知識，能確保學員獲得全面的理解。

不論是在商業領域或日常生活，某些溝通情境可能需要不同比重的主觀與客觀答案。舉例來說，《羅密歐與茱麗葉》（*Romeo and Juliet*）這齣戲劇的場景在義大利維洛納（Verona），故事背景是兩個年輕戀人以及他們的世仇家族。整齣戲劇就是一個譬喻，描述一對命運多舛的不幸愛侶。一般來說，戲劇會強調故事與譬喻等主觀答案；和戲劇相反的是，課堂上的教授可能會強調其他客觀知識。以愛情為教學主題的心理學教授會先定義愛情的概念，並且討論各種相關理論。這位教授也可能討論程序（如何進行情感諮商），但可能不會說出和有效諮商相關的所有行動（主觀知識）。為了聚焦在實際的情感問題，你可能會找臨床心理師諮詢，而他便負責提供和情感與管理他人關係相關的程序與行動（客觀與主觀知識都有）。

AQ環狀圖

我們將3×2矩陣轉換成圓形循環的結構，也就是環狀圖。這麼一來，AQ模型就完成了。這個環狀結構的圖形針對六種答案類型提出兩項假設。首先，每種答案類型都可以劃分成兩個層面的對話方向。垂直層面透過三種主要的問題類型與相對應的答案，呈現出對話的焦點。「為什麼」的問題和結構型知識相關，要用理論與故事來回答。「做什麼」的問題和闡述型知識相關，要用概念與譬喻來回答。「怎麼做」的問題和程序型知識相關，要用程序與行動來回答。水平層面則是對話的情境（什麼時候、在哪裡），其中包含理

圖2.4　AQ環狀圖

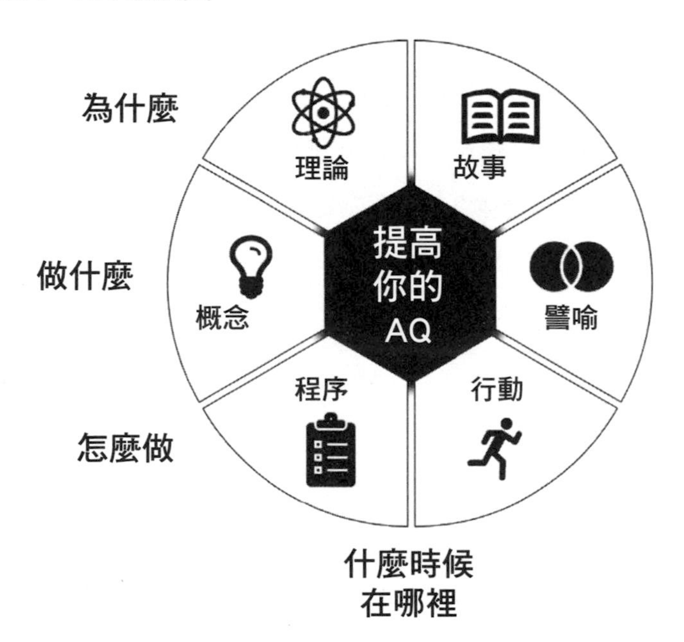

解世界的兩種方式：客觀知識（理論、概念、程序），以及主觀知識（故事、譬喻、行動）。

第二項假設定義環狀圖的特性，在於各種答案類型可以排成一個圓環。這個環狀的排序代表這些答案種類在其中一軸的差異愈大，另一軸的差異就會愈小。此外，它們之間的距離遠近也表示兩者之間的關係強弱。換句話說，相鄰的答案種類（例如概念與程序）相關性較高，而相對的答案種類（例如程序與故事）則是相關性較低。

接下來我們要討論的高AQ實踐法，都可以用這個環狀結構來說明。

五項高AQ實踐法

研究世界頂級高爾夫教練時，有五項實踐法都和高品質的答案有關。我將這些實踐法稱為「回答智力」(AQ)™，這是一種提供答案的能力，可以透過練習，以及相關的注意力與努力培養而來。本書第2部將詳細討論這五項實踐法，在此簡單概述如下。

實踐法1　提供六種答案

高AQ的人懂得使用六種答案（概念、理論、譬喻、故事、程序、行動）來回答問題，而且光是知道可以用六種答案來回答重要的「為什麼」、「做什麼」與「怎麼做」的問題，就已經占有優勢。每一個問題都有一個主要的答案，舉例來說，如果買家問：「為什麼我要和你合作？」業務員就可以找出最佳的答案，也許用一則故事回應（動之以情的回答「為什麼」的問題）。每一種答案類型都和它們的關鍵特質有關，理解答案並且打造和這些特質一致的答案，可以讓回答更有效。高AQ實踐法1是實踐法2～5的基礎，因為接下來的實踐法都會用到六種答案類型的不同排列組合。

實踐法2　回答兩次

高AQ的人在溝通時會回答兩次，來吸引對方左腦與右腦的注意力。像是用理論與故事來回答「為什麼」的問題；用概念與譬喻來回答「做什麼」的問題；用程序與行動來回答「怎麼做」的問題。

實踐法3　補充說明

任何一個答案都可以再額外補充說明，舉例來說，如果公司要在銷售部門安裝新的客戶關係管理（Customer

Relationship Management，簡稱CRM）軟體，有一個很重要的問題是：「我們為什麼要改變？」這時公司可能會以故事作為主要的答案，透過情緒影響力來解釋原因。由於主要答案是故事，補充說明時可以選擇用理論（相鄰的答案種類）來說明改變，或是用譬喻（另一種相鄰的答案種類）來描述改變。提供補充說明可以強化主要的答案，除此之外，一旦用上六個答案類型，就是最有力的補充答案。

實踐法4　建立回答風格

有三種回答風格可以達成不同的溝通目標。關係風格（以譬喻與故事回答）的目標是要建立個人與情感的聯繫；實用風格（以程序與行動回答）的目標是要取得成果；分析風格（以概念與理論回答）的目標是為了在複雜的世界中解釋與預測未知的事物。

實踐法5　依據情境回答

房地產買賣最有名的就是地點、地點、地點（在哪裡），而對AQ來說最重要的就是情境、情境、情境（什麼時候＋在哪裡）。我們早就知道對話情境很重要，如果要達到最高效率，提出的六種答案都要能夠反映出對話情境。

03
用AQ解釋AQ

有一位顧問告訴過我一位溝通大師在演講時發生的事。當時演講到了尾聲，一位聽眾說：「你沒有使用自己書裡提到的方法做簡報。」於是這位大師失去公信力。因此，為了信譽，我要用AQ來回答關於AQ的問題。

什麼是AQ？

概念上來說，AQ可以定義為採用高水準的答案回答重要問題的能力。有鑑於所有概念都可以再細分為有意義的面向，「答案」這個整體概念可以再分為六個面向（概念、理論、故事、譬喻、程序、行動），並且根據情境（什麼時候、在哪裡）來回答「做什麼」、「為什麼」與「怎麼做」的問題。

如果以譬喻來說，有幾個譬喻可以用來傳達AQ的重要面向。接著要看的是一個以AQ為主題的延伸譬喻，我用

AQ的譬喻來快速建立關聯，以下是培訓時典型的做法。

我會在進入房間或是走上講台時朗誦這段文字。

> 請想想這個「思考實驗」。
>
> 你在酒吧裡，看見菜單上有喀麥力三麥金修道院啤酒（Tripel Karmeliet)。
> 你應該點這款酒嗎？
> 我來解釋我會怎麼做。
>
> 世界上的啤酒可以分為拉格啤酒（Lager)與愛爾啤酒（Ale)兩種。
> 而這款啤酒屬於愛爾啤酒。
> 我喜歡愛爾啤酒。
> 而且這款啤酒是比利時愛爾啤酒，我很喜歡這個組合。

我指著調酒師，對他彈了一下手指。「請給我喀麥力三麥金修道院啤酒。」

如果這時觀眾反應不錯，我也感覺很好，我可能會指著在場的每個聽眾再加一句：「給我的朋友都來一瓶。」

為了增加戲劇效果，我伸出十隻手指頭強調：「根據分

圖3.1 「做什麼」的問題可以用概念或譬喻來回答

類，啤酒總共有十種類別。」

要在酒吧點酒，了解啤酒分類很有用；要做實驗，就要了解元素週期表的118個元素；想要開課，就要了解班傑明・布魯姆（Benjamin Bloom）提出的六個學習領域；要讓會議順利進行，就要了解麥可・波特（Michael Porter）的五力分析。

各位在昨天、今天或明天提出的每一個問題，都可以歸類為某一種類型的問題。

那麼問題有多少種類型？

我停頓一下，讓聽眾回想中學時學過的東西。

「答案是六種，很簡單。」我在螢幕上展示出六個W問題（做什麼、為什麼、什麼時候、在哪裡、是誰、怎麼做）。

那麼回答有幾種類型呢？

〔停頓〕

很不可思議，但又千真萬確的是，在我們居住的世界裡，啤酒有各種類別，答案卻沒有任何分類。如果有一張列有正確答案的清單，可以用在餐桌上、辦公室、課堂裡，或是任何重要場合上，那不是很棒嗎？

當你的小女兒問：「什麼是美？」你準備好恰當的譬喻了嗎？如果有一位同事連續三季沒有達到業

表3.2 缺失的答案種類

做什麼
為什麼
什麼時候
在哪裡
是誰
怎麼做

10種	118個	6個	5種	6種	?
啤酒	元素	學習領域	競爭力	問題類型	答案類型

分類

績目標，他問你：「要怎麼做才能成交？」你準備好提供正確的程序了嗎？

要在這個世界如魚得水，我來跟你們分享六種答案類型。

AQ不只是一張答案清單，而是目標。如果沒有設定瞄準目標，幾乎不可能成功。當你點啤酒時，瞄準目標就是十種啤酒。當你有疑問的時候，瞄準目標就是六種問題。當你進行下一場重要對話時，這是第一次，我們有六種答案可以當作瞄準目標。

AQ就是目標。

除了把AQ譬喻為瞄準的目標，我也曾經將AQ譬喻為其他事物，其中幾種譬喻簡列如下。不過本書中還會有其他例子。

AQ的譬喻	解釋
1. 目標	如果沒有設定瞄準目標，成功的機會就會下降。我們有好幾種W問題（做什麼、為什麼、什麼時候、在哪裡、是誰、怎麼做），但這是各位第一次看到六種答案（概念、理論、譬喻、故事、程序、行動），這可以帶來很大的不同。
2. 鏢槍的矛頭	AQ可以和其他形式的智力相輔相成，這些智力可能在對話前或對話之間等不同地方發揮影響力，但是都會讓答案更有效。認知智力（cognitive intelligence，CQ）、實務智力（practical intelligence，PQ）以及情緒智力（emotional intelligence，EQ）就像標槍在空中劃出的範圍，在形成影響力之前累積力量，而AQ則是最尖端的部分（見第18章）。
3. 容器	有一個很常見的問題是，AQ可以用在哪一種溝通方式上？AQ如同容器，溝通主題就像液體，而這個容器可以承接各種液體。指導AQ、領導AQ、銷售AQ、改變AQ等各種主題都可以運用AQ回答。有關AQ對話，請參閱本書的第3部。
4. 貨幣	AQ是貨幣，也就是像金錢一樣有價值的東西。我們聘請顧問是因為他們有能力提供答案，最好的老師能回答我們的問題。找到答案時，問題就解決了，而答案能帶來影響力。

5. 劇院	舞台上的演員（是誰）會被問到「為什麼」、「做什麼」和「怎麼做」的問題，也會提出這些問題的答案。場景是演出劇本的情境（什麼時候、在哪裡）。第15章會根據劇場的譬喻延伸討論。
6. 高爾夫球桿組	一號木桿是為了長距離而設計，而推桿則是為了光滑草地上的短距離而設計。同樣的，AQ中每一個答案都是為了回答不同的問題而設計。選擇正確的高爾夫球桿和選擇正確的答案類型一樣，對成敗影響很大。
7. 可以搭配地圖使用的指南針	指南針是可以用於任何環境的導航工具，地圖則是針對特定地區的工具。熟練的健行客可以帶著指南針與地圖穿越偏僻森林。同樣的，AQ如同指南針，可以和地圖（銷售、培訓、面試等特定內容領域的知識）一起使用。關於如何把指南針與地圖的譬喻運用在銷售AQ的領域，請參見第11章。
8. 轉動的輪胎	每一個問題與對應的答案都代表AQ的進入點。有許多個進入點固然很重要，但更重要的或許是，真正的學習就像不停轉動的輪子，需要重視所有答案，才能推動學習者前進（見第16章）。

為什麼AQ很重要？

我來說個故事，那是我剛剛理解到AQ重要性的早期經驗。當時AQ環狀圖才剛成形，因此我對於要在對話中測試AQ深感壓力。我用上六個答案類型（理論、概念、故事、譬喻、程序、行動）與五項高AQ實踐法。我和一位身為高階主管的客戶開會，當時我正在研究一種由科技導入的解決方案，需要三方合作（我、這位高階主管以及第三方技術顧問）。我想用一個譬喻來回答「什麼是夥伴關係？」這個問題，於是試著從交易夥伴關係當中釐清真正的夥伴關係，因為這才是各方之間有價值的信任關係。

我想不到能用什麼來譬喻，就用Google搜尋到幾個針對夥伴關係的譬喻，但這些說法不是很做作就是很普通。當我思考著「夥伴關係」與「三方」時，腦中突然有了一個靈感，我決定用三腳凳來譬喻夥伴關係。儘管這個說法仍然很

圖3.3 「為什麼」的問題可以用故事或理論來回答

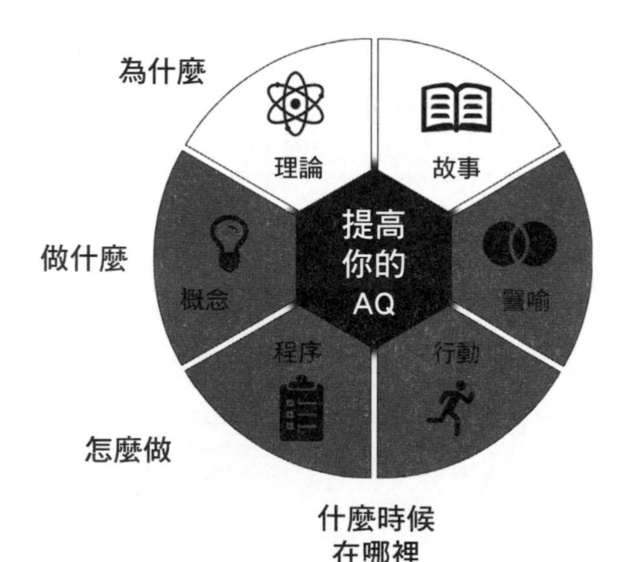

普通，但卻很適合，而且我覺得分享起來也不彆扭。於是隔天，我向高階主管說：「我們三個人的合作就像三腳凳，拿走任何一隻腳，凳子都會垮掉。我們的夥伴關係也是這樣。」這個譬喻奏效了。我之所以知道它奏效是因為幾天後，那位高階主管主動在談話時運用這個譬喻。太讚了！

使用譬喻的風險很高，像三腳凳這樣的譬喻也一樣。有成功的譬喻，也就會有失敗的譬喻。我一開始很困惑，也毫無頭緒，然後我想到，凳子的譬喻之所以成功，是因為我已經將其他夥伴關係的答案提供給這位高階主管。用AQ的術語來說，我已經回答了「怎麼做」的問題，透過討論程序與行動說明夥伴關係的運作方式。我還分享一個故事來回答「為什麼」的問題，說明顧問會成為很好的合作夥伴。最後，我用分析的方式提出理論，也就是建立夥伴關係這項策略，將有助於高階主管達成業務目標。我還（用概念）強調

圖3.4　夥伴關係就像三腳凳

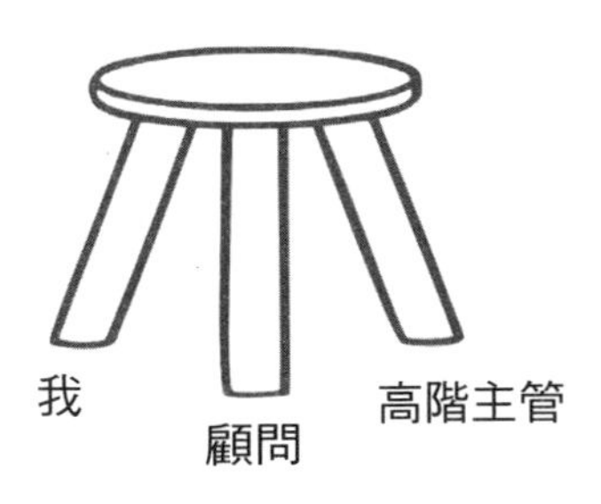

每一位合作夥伴（我、顧問、高階主管）的角色。總而言之，這五種答案讓譬喻更有效。可以想像這位主管聽到我的譬喻時，心裡在想的是……。

> **作者：**「我們三個人的合作就像三腳凳，拿走任何一隻腳，凳子都會垮掉。我們的夥伴關係也是這樣。」
> **高階主管（內心想法）：**「這個譬喻很有道理，也和那則第三方顧問的故事一致。這個人是我可以信賴的夥伴。」

或者，他可能會這樣想……

> **高階主管（內心想法）：**「這個譬喻很有道理，有明確、適當的合作計畫（AQ程序），我可以預見我們的夥伴關係會怎麼運作。」

高階主管的心聲也可能和理論、概念或行動等其他種答案有關。或者，他心裡沒有特別的想法，而是所有的答案形成整體的體驗，讓他在潛意識裡信服這個譬喻。不過，不管他有什麼感受，我意識到的是我使用補充說明（高AQ

實踐法3；見第6章），也就是任何一種答案類型，例如譬喻，都會因為提供額外的答案而更加有力。

經過進一步反思，這次使用三腳凳譬喻的經驗抹去我先前在課堂上看到的反事實（counterfactual）案例。課堂上，我常有幸見到優秀的報告，但偶爾也會見到令人感到難堪的表現。有一次，一位學生的報告主題是創造力，他提出一個譬喻，似乎是隨便從網路上找來的說法。那個譬喻平平無奇，也沒什麼用。先前，我一直很困擾，為什麼有些譬喻讓人無感，有些卻能發揮奇效，一切看似毫無規則可言。但是在三腳凳譬喻的情境下，道理終於撥雲見日。我的譬喻之所以有效，是因為有其他五種答案類型的輔助。那位學生的譬喻不僅普通，而且他在報告裡提到的其他答案也很普通，有些答案則是完全沒提到！

綜上所述，三腳凳的故事說明譬喻的力量，關於一位溝通者（我）實驗並發現AQ溝通價值的過程。於是，我學會把演講時理所當然會用到的譬喻做法，變成點石成金的溝通工具。原先，譬喻是我最不確定的答案類型，但後來證明它非常有影響力。此外，正是其他五種答案類型的力量鞏固了三腳凳譬喻。這六種答案都真正有效，AQ也是。

理論上，答案可以帶來影響力。三腳凳的譬喻影響高階主管，讓他把我們的合作視為值得信賴的夥伴關係。當一位

圖3.5　AQ理論：答案會產生影響

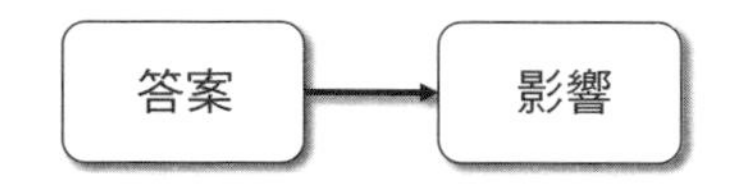

主管面臨重大職涯決策，不確定要不要接受另一家公司挖角時，故事可以用來說服他要不要接受這份工作。在工廠組裝產品的員工，工作方式會受到操作手冊中列出的程序影響。

英國哲學家法蘭西斯・培根（Francis Bacon）曾說：「知識就是力量。」答案可以提供三種類型的知識，也就是結構型知識、闡述型知識、程序型知識，來影響一個人。理論與故事可以提供結構性知識，解釋概念之間的相互關係，如同法則般的因果理論與議題。概念與譬喻能提供闡述型知識，透過特定專有名詞與相關的對比敘述讓人了解構想。程序與行動提供的是程序型知識，也就是流程中的步驟以及和每一個步驟相關的特定動作。

答案的影響力會因為答案風格不同而產生差異。關係風格也就是故事與譬喻，可以打造情感聯繫。分析風格也就是概念與理論，可以在複雜的世界中提供解釋與預測。實用風格則是程序與行動，能夠幫助人取得成果。

如何運用AQ？

______ AQ；各位可以在空格處填入任意主題。AQ對於職場或生活中的重要議題都有幫助。

- **面試AQ**：或許你有一個工作的面試，而且很希望能夠提供正確的答案。
- **領導力AQ**：你是新晉主管，想要給大家良好的第一印象。

圖3.6 「怎麼做」的問題可以用程序或行動來回答

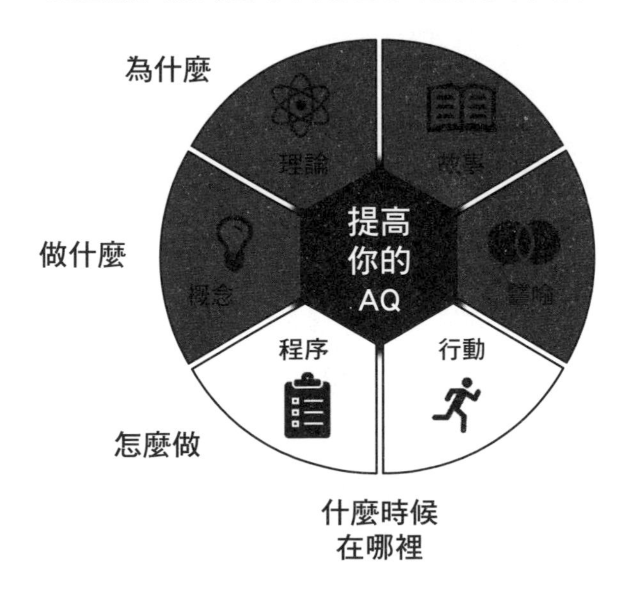

- **銷售AQ**：你希望能回答客戶的問題，並且成交。
- **簡報AQ**：你有30分鐘可以向決策委員會簡報，必須讓他們印象深刻，專案才能通過審核。
- **培訓AQ**：完整的培訓是可以針對任何主題提供六種答案類型。
- 以及更多AQ主題。

我們來看一下簡報AQ。你如何做簡報？每一次簡報都和程序與行動有關。通常大家都認為理所當然要建立程序。身為一位教授與顧問，我有很多上台發表的經驗。根據自我反思，我將簡報程序濃縮成以下兩個步驟。

步驟1，啟發問題。

步驟2，提供答案。

一般學生以及經驗豐富的專業人士都一樣，喜歡把重點放在簡報設計，還有怎麼把資訊塞進簡報裡。他們總是認為簡報可以解決一切，但是簡報如果無法啟發問題，就沒有幫助了。在我出席過或是擔任簡報者的所有高階主管會議中，毫無疑問，最好的簡報就是能啟發主管提出關鍵問題的簡報。無法引人提問的簡報永遠不會勝出。其次，如果簡報者能夠好好回答問題，那就成功了。對我來說，這兩個步驟無論在教室或會議室都能發揮效用。

行動與程序一樣，常常被視為理所當然。行動必須支援程序中的每一個步驟。舉例來說，在提供答案的步驟2當中，有效的行動是在微軟PowerPoint的簡報模式下，按下鍵盤上的B鍵。這會讓螢幕完全變黑，並且帶來好處，理由有兩個。首先，問題通常是受到簡報刺激所引發，但通常會超出簡報範圍，把螢幕變黑表示問題和簡報的內容不相關，否則這會讓與會者分心。第二，把螢幕變黑可以將焦點轉到提問的主管身上，而當你堅定的給出答案時也成了注目焦點，這時你就成功了。

圖3.7　按下B鍵是一個高品質的行動，可以讓簡報模式下的螢幕轉黑

第 2 部

五個高AQ實踐法

世界上最困難的事就是把事情變簡單。

——莎拉・班・布雷娜赫（Sarah Ban Breathnach）*

最初，關於AQ的研究是從研究《高爾夫文摘》與《高爾夫雜誌》評選的頂尖高爾夫教練發展而來。專業的高爾夫教練懂得如何提供客戶最好的答案，能達成這樣的承諾原因我們都很熟悉。舉例來說，其中一位高爾夫教練有一間收藏3,500本書的私人圖書館。他對周圍世界的高度好奇心凸顯出他做了多少準備，才得以在高爾夫球場上順利和人溝通。AQ的貢獻在於，檢視他從這3,500本書當中提取出哪些資訊，才能提供讓客戶信服的答案。更概括的說，想要提升溝通能力的人，可以這些頂尖高爾夫球教練身上學到哪些做法，並且如法炮製？

根據丹尼爾・高曼（Daniel Goleman）†的理論，專業是專注練習1萬小時的產物。不只是練習，還要專注的練習。而這項針對頂尖高爾夫教練的研究，則是歸納出五項高AQ實踐法，讓大家都可以用來改善所有的回答、對話與

---

* 編注：美國作家，著有《靜觀潮落：簡單富足／生活美學日記》（*Simple Abundance*）等書。

† 編注：美國知名作家暨心理學家，著有《EQ》（*Emotional Intelligence: Why It Can Matter More Than IQ*）與《專注的力量》（*Focus: The Hidden Driver of Excellence*）。

溝通。這五項高AQ實踐法並非捷徑，但是可以為願意投入時間的人提供正確的途徑。這些實踐法讓任何人都有機會達成終極目標，從新手變身為專家溝通者，或者至少達到更實際、但仍然值得讚許的目標，也就是按部就班的進步。我用AQ來提高教學能力，各位讀者則可以用AQ來提升自己最重視的職場或個人目標，如銷售、領導力、面試、品牌與培訓等。

AQ提高時，你會有所感覺，因為認知與行為上的成功率都提高了。AQ是一種技能，而技能發展和行為標記（準確性、速度、靈活性、多工表現）與認知標記（認知努力、行為的現象經驗，以及評估、控制思緒與行動的後設認知*）相關。

* 譯注：後設認知（meta-cognitive）指一個人能察覺到自己的認知歷程，再重新組織或修改這些認知。

04
高AQ實踐法1：提供六種答案

千里之行，始於足下。

——老子

第一步最有影響力，因為這會決定接下來的方向。各位可以相信AQ很重要，接著使用這五項AQ實踐法，或者也可以選擇置之不理。對於想要提高AQ的人來說，最重要的第一步就是提供最佳解答（高AQ實踐法1）。每一次的重要對話都包含六種可能的答案。高AQ實踐法1非常簡單。在下一場對話之前，各位可以先想好六種答案，對話時可以使用這六種答案（或是其中幾種答案），並且在對話後反思答案，下一次對話再改善。高AQ實踐法1是實踐法2～5的基礎，而這後續每一項實踐法包含六種答案的不同組合。

接下來我們會一一檢視這六種答案。為了在討論這六種答案時保持延續性，我會採用課堂上使用的談判案例作為說明範例。我會針對每一種答案列出「高AQ應用」來指明關鍵重點。最後，每一種答案種類的最後，都有一張自我評估表，讀者可以用來評估自己的答案品質。

概念

恰逢其時的想法最強大。

——維克多・雨果（Victor Hugo）

概念能透過提供客觀答案，來回答「做什麼」的問題。概念是一種構想，可以經由特定層面來定義或是說明。

定義

我還是博士生時，曾經在「承諾會議」（Conference on Commitment）上發表一篇論文，這場會議是由俄亥俄州立大學（Ohio State University）主辦，主題在於探討組織內的承諾。大多數與會者都是全職教師，我是少數的博士生之一。在學術界，承諾主要指的是訂定的目標，例如指導教授、團隊、組織的目標，以及承諾的基礎，例如情感或成本

圖4.1. 概念是用來回答「做什麼」的問題的客觀答案

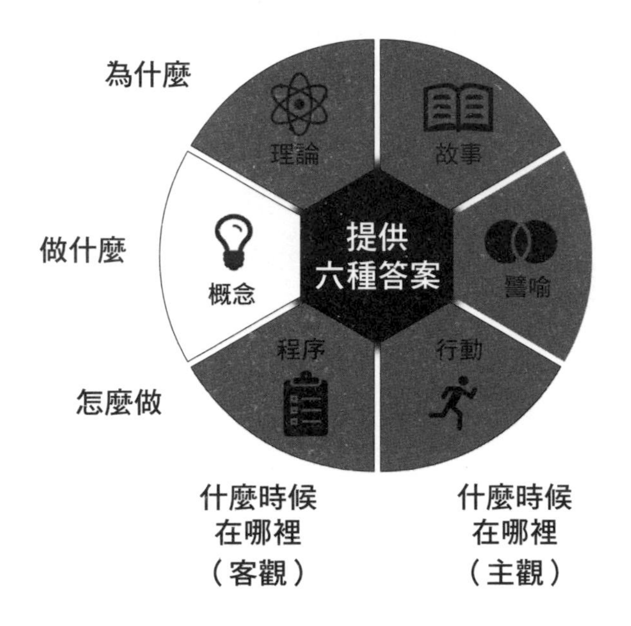

效益的理由。承諾等任何一種概念的特徵在於可以被定義。在我參加會議之前的多年來，承諾一直是主流的研究方向。讓我感到震驚的是，即便這些研究行之有年，俄亥俄州多半仍然聚焦在討論承諾的定義。我開始體會到，無論學術界內外，定義總是備受討論，還會隨著時間推進而改變。《經濟學人》（*Economist*）報導中，曾收錄一位作家寫下的一句名言：「沒有人真正知道（商業）策略是什麼。」有多少位領導者，就有多少種領導力的定義。我和客戶共事時，會詢問他們想解決什麼問題。某間銀行很想了解員工的敬業程度（employee engagement）。在一場一對一的會議上，我詢問這間銀行的高階主管如何定義員工敬業度。他沒有給出定義，而是舉出一個例子說：「我的員工都笑口常開。」這可能和敬業度有關，但並不是可以具體執行的定義，也無法用在員工培訓上。可見定義確實很重要。

層面

任何概念都可以劃分成不同層面。舉例來說，員工敬業度（以全球概念來看）可以分為三個層面：認知敬業度、實際敬業度與情感敬業度。認知敬業度高的員工無時無刻都想著工作；實際敬業度表示員工會堅持完成工作，或是有精力完成工作；而如果員工對公司有情感敬業度，當公司表現優良時，他們會很高興，但如果網路上有不好的評論，他們會很難過。我和這位銀行主管分享這三個層面時，他同意點頭說：「沒錯，這就是敬業度。我們很想知道員工的敬業程度。」

概念的範例與說明

下列範例是商業上的概念，都取自學術文獻。不過，組織與個人對概念的看法不一。此外，請注意任何一項概念都有其他不同的定義與層面（參見下表對領導力的定義）。

概念	定義	層面
個性	「特徵模式在思考、感受與行為上的個體差異。」[1]	以五大人格架構為基礎的五個層面[2] ・經驗開放性 ・盡責性 ・外向性 ・親和性 ・神經質
EQ	「正確推斷情緒的能力，以及使用情緒與情緒知識來增進想法的能力。」[3]	・情緒感知 ・情緒理解 ・情緒規範[4]
資源	「任何一種透過人際互動行為傳遞、用來滿足需求的實際或抽象物品。」[5]	・金錢 ・商品 ・資訊 ・服務 ・地位 ・參與
領導力（僕人式）[6]	「定義上，僕人式領導人將部屬的需求放在自身需求之前，並且主要著重在協助部屬成長、讓他們發揮最大潛能，以及達成事業與職涯的最高成就。」[7]	・觀念化技能 ・賦權 ・協助部屬成長與成功 ・部屬優先 ・道德行為 ・情緒修復 ・創造社群價值
領導力（領導者－部屬交換）[8]	領導者和每一位部屬都發展出獨一無二的關係或交換關係。	・貢獻 ・忠誠 ・偏愛 ・尊重專業

（接續下表）

信任[9]	「一個人對另一個人的話語、行動與決策有多少信心，並且願意配合對方的話語、行為與決定而行動的程度高低。」	・認知信任 ・情感信任
整合式談判（integrative negotiation）	「一種能兼顧雙方需求、任何一方都無須犧牲的解決方法。」[10]	・指出問題 ・尋找替代方案 ・結果選擇[11]
AQ	採用高水準的答案回答重要問題的能力。	・故事 ・譬喻 ・理論 ・概念 ・程序 ・行動

參考資料：
1. https://www.apa.org/topics/personality/.
2. Barrick & Mount, 1991.
3. Mayer, Roberts, & Barsade, 2008, p. 511.
4. Mayer & Salovey, 1997.
5. Foa & Foa, 1974, p. 36.
6. Liden, Wayne, Zhao, & Henderson, 2008.
7. Greenleaf, 1977.
8. Liden & Maslyn, 1998.
9. McAllister, 1995.
10. Follett, 1940, p. 32.
11. Walton & McKersie, 1965.

談判的概念（取自課堂內容）

在組織行為課堂上，我教導的其中一個主題就是談判。談判每天都在發生，其中包括銷售談判、工作機會談判，以及國際貿易談判等。儘管大家對談判不陌生，但還是存有許多困惑。舉例來說，你應該贏得談判嗎？還是另一方才應該贏呢？或是必須雙贏？不同的學生可能會選擇不同的觀點（自己贏對方輸、自己輸對方贏、雙贏）。經過簡短討論後，大家可能都同意雙贏是最好的結果，因為雙方都能獲得好處，而且對於一段發展中的關係而言，這才是讓關係長久的做法。

然而，雙贏的概念很模糊。所以，定義清楚、廣納各層面角度的概念，可以更加清楚說明雙贏的意義。談判可以定義為「兩個或多個複雜社會單位的謹慎互動，目的是試圖定義或重新定義彼此相互依賴的模式」[1]。根據這個定義，便發展出自己贏對方輸、自己輸對方贏、雙贏這三種相互依存的關係。整合式談判的定義是「一種能兼顧雙方需求、任何一方都無須犧牲的解決方法」，這項定義和雙贏的概念一致，並且以讓人印象深刻的說法清楚說明，雙方最多可以獲得完整的利益、「無須犧牲」，而且雙方都贏。這有助於正確的理解，並且這項定義可以用來對比其他類似的概念，例如「妥協」，但是從完整定義來看就知道，妥協並不是雙贏。

1　Walton & McKersie, 1965, P.3.

許多概念（包含整合式談判在內）本來沒有受到重視，一直到大家理解各個層面之後才改觀。像是整合式談判就包括三個層面：指出問題、尋找替代方案、結果選擇。

在進行工作機會談判時，如果雙方（企業與應徵者）聚焦在「找出問題」，他們就能理解彼此的需求。舉例來說，應徵者可能想要尋求工作與家庭生活平衡的工作，而企業可能想要一位和企業文化契合的員工。在整合式談判的過程中，雙方會自在的分享並探索這些需求。不過，說起來容易做起來難；像是應徵者可能會因為擔心被認為對工作不投入，而不願分享自己對工作與家庭生活平衡的需求。

「尋找替代方案」指的是雙方找到滿足彼此需求的可能解決方法。例如，工作與生活的平衡可以透過彈性工時、額外假期與公司的日托中心來解決（員工離小孩更接近，也能就近探視）。但是這個步驟往往被略過，倉促草率的結束談判；或者是雙方都開始聚焦在滿足自身需求的解決方案上。當雙方都只以考量自身利益的思維方式行事（自己贏對方輸），專注於滿足自身需求，便無法共存共榮（雙贏）。

最後，只有當雙方同時選擇對彼此都有好處的解決方案時，才有可能出現讓雙方共存共榮的「結果選擇」。也就是說，要從認知的角度去盤算，從不同解決方案中計算雙方得失並進行比較，再從中找到雙贏的解決方案。然而，雙方可能都會忍不住想要背棄另一方，尋求滿足自身需求的解決方法。

各位可能覺得概念看起來很「簡單」，只要列出定義、歸納出不同層面就好，對吧？雖然概念看似簡單，要讓人認同一項概念卻不容易。首先，可能有些人不同意概念的定義，而且也對談判的意義有不同見解。於是，有人可能著重整合式談判（雙贏）或是其他做法（自己贏對方輸），這樣一來，概念對於談判的走向發展就很重要。其次，概念可能很模糊，也可能很清楚，在這樣的狀況下，定義很重要，層面劃分也很重要。舉例來說，整合式談判是一個很大的目標，但要是改為針對整合式談判的各個層面，也就是指出問題、尋找替代方案與結果選擇，一一列出程序與行動，便能提供更具體的目標。像是將雙方利益五五對分，便是能讓雙方共存共榮的結果選擇，也是最後要採取的行動。當每個層面都設定好要完成的特定程序與行動時，便能夠確立雙方的目標，並且完全涵蓋整合式談判的所有面向。

第三，即使概念有了定義，也劃分出不同層面，還是不一定能讓人充分理解。但是進一步反思通常可以加深理解。舉例來說，指出問題與尋找替代方案合在一起叫做「創造價值」，而結果選擇則叫做「主張價值」。從視覺化圖表上來看，如果創造的價值更大（發現更多問題與可能的解決

圖4.2 整合式談判的多維效用分析

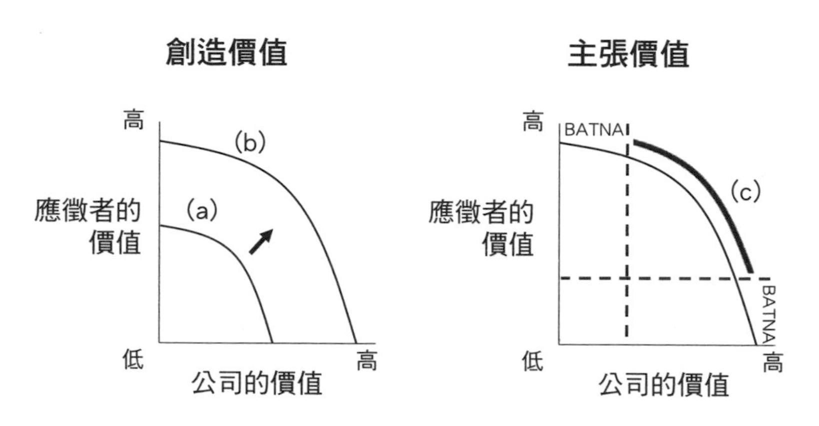

方案），那麼談判中的潛在價值就會從a增加到b（參見圖4.2）。在主張價值（結果選擇）的過程中，找到比「談判協議的最佳替代方案」（BATNA，best alternative to a negotiated agreement）更好的辦法的人就贏了。舉例來說，應徵者可能也接到其他公司的錄取通知，或是公司也可以聘用其他應徵者。所以，潛在的綜合價值分布就落在潛在的協議區（參見圖4.2的c曲線），也就是雙方的「談判協議的最佳替代方案」之間。換句話說，如果公司開出的薪資太低，應徵者不會接受，因為他們可以在另一間公司工作，獲得更多價值（談判協議的最佳替代方案）。此外，如果員工要求太多，公司就會另尋人選，因為他們選擇另一位應徵者能得到更多價值（談判協議的最佳替代方案）。

多維效用分析（a、b、c）顯示，我們還有機會更進一步了解整合式談判。學生有機會更了解整合式談判的三個層面，以及他們的相互關係（創造價值與主張價值）。此外，這項分析更帶出對「談判協議的最佳替代方案」的討論，進一步解釋「雙贏」的結果選擇／主張價值是什麼。確切的說，雙贏的結果選擇指的是，雙方都得到更好的交易結果，而且這是在其他地方無法得到的結果。

第四，如果人們完全理解概念，便會接納內化它，就像是永久居住在概念裡。但是，舉例來說，當談判變得棘手，學生會忘記要取得雙贏，還是能夠堅持到底？這多半取決於學生是否已經將概念內化（對定義與層面有清晰的理解），抑或他們只是表面上理解。

第五，對於提供其他答案（故事、譬喻、理論、程序、行動）而言，完全理解概念很重要。舉例來說，如果問題是關於「整合式談判」，而我們已經理解它的概念，那麼就可能找出適當的譬喻。概念是理論的基石，只要理解整合式談判的概念，便可以推測出整合式談判的前因後果。在本章中，我接下來同樣會用整合式談判作為範例，來檢視另外五種答案類型。

高AQ應用

1. 概念可以為混亂提供架構

每天你都受到他人的心智歷程、態度與行為轟炸。而概念可以將個別事物劃分成幾種概括的心智類別，讓你探索自己與他人之間的關係。舉例來說，你可以從個人行為（例如，手部動作很大、看到人會微笑、健談）來判斷對方很外向（其中一種性格的概念）。如果沒有將概念歸類，行為就沒有意義，人生將會相當困難。如果你把一個人貼上性格外向的標籤，就可以用合適的故事、譬喻、行動、程序與理論來影響他。概念不只可以用來應對他人，還能夠為個人、團隊與整個組織提供積極主動的架構，用來決定最重要的事。麥可・波特在1980年指出，公司可以從兩種競爭策略下手，也就是低成本或差異化。採用差異化策略的公司，所有的答案類型都圍繞著差異化的概念發展。也就是說，所有答案都可以透過差異化的角度來看待，像是差異化的故事、差異化的譬喻、差異化的行動、差異化的程序，以及差異化的理論。

2. 構想是改變的種子

民主、地心引力、自由市場、人權、演化論與女權主義都是改變世界的構想。我們可以說，所有的改變都來自於一個構想（一種概念）。構想就像種子；我們種下一些種子，有些會長成大樹，也有些則永遠無法破土而出。種子在土裡的時候，多數人都沒有注意到，也想像不到。但是，當種子破土而出，長出樹幹與葉子時，就會被注意到。這就是構想（種子）與其他答案類型之間的關係。構想在萌芽前會有一段休眠期，其中許多種子還根本不會發芽，所以在這個時期，構想很容易受到批評，例如有人會說：「這種構想多到一文不值」，顯然是因為這時的構想缺乏程序與行動。或者是一旦缺少故事，構想就無法抓住別人的想像力。沒有理論，構想就沒有方向，而且本來有機會發展的構想，也會因為沒有和我們重視的結果產生連結而萎縮。構想不是改變，而是改變的種子。如果構想和其他領域連結起來，而且發芽長成又高又壯的樹，自然就會被注意到。這時候，構想便已經生根發芽，地面上樹幹與枝葉發展的範圍會和地面下樹根生長的範圍成正比。只有重要的構想才能支撐起地面上發展良好的答案（故事、譬喻、理論、程序、行動）。

3. 概念是理論的基石

當 X 與 Y 代表兩種概念，那麼在簡單的結構理論中，X 與 Y 的象徵性結構就是 X → Y。如果對概念以及概念之間的相互關係缺乏充足的理解，就不可能產生理論。

4. 概念是程序與行動的目標

每一個程序與行動都能夠帶有目的性的以概念為目標。我從一間顧問公司那裡聽說，他們利用發送電子郵件來打造出創新形象。這個做法現在聽來很荒唐，但這件事發生在1987年。當時電子郵件處於發展早期，郵件附檔是在1992年才出現，而美國線上公司（AOL）直到1993年才推出網路服務。[2]在這樣的背景下，企業高階主管很樂於收到電子郵件。事實上，他們認為顧問公司採用電子郵件的新技術代表他們很創新。

時光快轉到今日，我們有了垃圾郵件過濾器，高階主管則躲在防火牆後面，讓它擋下任何不請自來的電子郵件。時代儼然改變，一封簡單的電子郵件曾經被認為是創新的象徵，如今卻不再是如此。現在，這間顧問公司在經營podcast、推特等現代溝通平台來展現創新精神（以便得到各企業高階主管的認同）。眾所周知，顧問公司是新科技的早期採用者，因為這些科技和他們想在市場上培育的新創品牌有關。為了保持創新，行動與程序會有所變化，但是顧問

2 https://www.theguardian.com/technology/2016/mar/07/email-ray-tomlinson-history.

公司或是想要保持創新的任何人，都必須不斷瞄準同一個目標：創新；或者是得瞄準重要的概念，並且面臨不斷改變、調整程序與行動的挑戰。

從顧問公司的例子，我們可以看出積極主動搶先瞄準一項概念的好處。另一種情況則是，程序與行動沒有明確的針對目標，而缺乏目標的概念通常會造成問題，或是阻礙進步。當我還是菜鳥教授時，總喜歡戴著領結去上課，我對這樣的打扮沒有思考太多。但是，後來我從學生的教學評鑑裡得知，他們覺得我不尊重他們。好幾個學生指出我的領結展現出菁英主義的形象。對此我當然很震驚。我總是認為「我從學生身上學到的東西和他們從我身上學到的知識一樣多」，我是這樣的教授，我很尊重學生，或者至少我認為我很尊重他們。到底哪裡出了差錯？

我並沒有刻意透過行為來對學生不尊重。這完全是無心之過，我的行為是出於機械性的習慣（我的行為並不是以任何概念為目標）。於是，我開始透過有目的性的程序與行動來展現出尊重。我立刻收起領結，開始穿著比較輕便的衣服去上課；直到今天我都是這樣做。此外，我還仔細檢視其他被大家視為理所當然的狀況。例如，（現在的）多數學生以及幾乎所有當過學生的人，都不會忘記自己曾經在期末考前待在走廊排隊，只為了等著和教授談話。在某種程度上，讓學生坐在走廊上是一種不尊重，因為這暗示著我的時間比他們的時間更有價值。為了顯示出對學生的尊重，我開始尋找不同的解決方案。於是我成為一款行事曆應用程式的早期採用者。此後學生可以不必在走廊上等，只要事先預約20分鐘的會議時間，就可以不用排隊，時間到了再出現就好。我按部就班的改進並發展出新的程序與行動，藉以同時在課堂上、課堂外表達對學生的尊重，我的教學評鑑分數也因此提高許多。

最後，程序與行動也可能瞄準到錯誤的目標。舉例來說，我和一間食品製造公司的財務與會計主管一起做研究調查時，這些主管並不覺得提供社會支持是他們工作的一環。如果員工相處不來，就要去找人資，因為這屬於標準程序的一部分。在訪談中，這些主管都表示這樣做更有效率，畢竟他們不是人事問題的專家。不過學術文獻說得很明白，主管提供的社會支持與任務支持，對員工的績效與工作滿意度來說都很重要。所以，這些主管放棄提供社會支持的責任。或者換種說法，這些主管以效率（的概念）為目標，而不是將社會支持（的概念）視為程序與行動要瞄準的目標。

顧問公司「帶有目的的目標」、教授（我）「沒有目標」，以及財務與會計主管「錯誤的目標」的三個案例說明，以概念作為程序與行動的目標，對於所有程序與行動的成敗而言非常重要。

5. 用譬喻對比不同的概念

正如本章在譬喻相關章節討論過，譬喻可以用來對比不同的概念。沒有概念，就沒有譬喻。舉例來說，在商務會議上，你的同事可能會說：「我們來幫你加速一下。」這句話原意指的是，上高速公路時車子必須加速，以達到和路上其他車輛相同的速度。而這句話的譬喻則是將加速的概念，也就是在高速公路上踩油門，和職場上傳遞訊息的情況連結在一起。此外，這個譬喻含蓄的傳達出資訊溝通的方式將會是快速、一致、安全、可行，就像高速公路上的交通一樣。選擇正確的概念，才是找到恰當的譬喻並用它和別人溝通的先決條件。

自我評估

說明：在次頁表格的空格處填入有興趣的主題（銷售、面試、談判、領導力等），並且評估自己對這個概念的AQ有多高。

	(1) 不足	(2) 有待改進	(3) 尚可	(4) 非常有效率	(5) 優秀過人
重點	很少去想 ______ 的概念。	有時會想到 ______ 的概念，並且和別人討論。	常常想到 ______ 的概念，並且和別人討論。	認真思考 ______ 的概念，也認真和別人討論這個概念。	已經將 ______ 的概念內化，並且隨時可以用來和別人溝通。在很多不同情況下都會用到 ______ 的概念。
定義	不太了解 ______ 。	了解 ______ ，但不清楚定義。	知道 ______ 的定義。	可以舉例說明 ______ 的定義。	可以將 ______ 的定義去蕪存菁，根據重要本質與關鍵要素來描述，也可以更具體的說明構成 ______ 的整體概念。
面向	不知道構成 ______ 的特定基礎概念。	對 ______ 的基礎概念有粗淺了解。	知道 ______ 的基礎概念。	可以簡短而完整的列出 ______ 的基礎概念。	已經將 ______ 的基礎概念內化，並且可以用來和別人溝通。

理論

沒有理論的實踐法就像沒有舵與指南針的水手，不知道要朝著哪裡前進。

——達文西（Leonardo da Vinci）

理論可以透過提供客觀答案，來回答「為什麼」的問題。理論是由證據背書的不同概念之間的因果關係邏輯。

圖4.3　理論是用來回答「為什麼」的問題的客觀答案

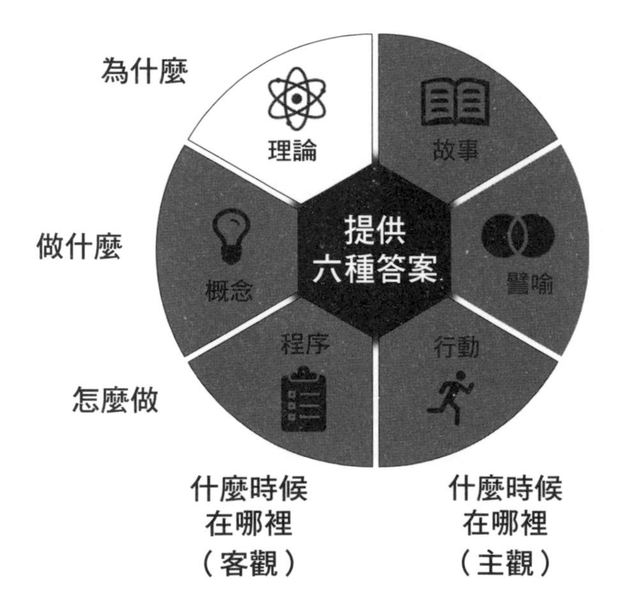

一般認為理論是實踐的對立面[3]。理論很抽象，而程序與行動很具體。理論代表這個世界的各種標準，可以應用在不同情況下。理論是由高階主管、中階主管與員工確立，用來讓他們的世界有效運作。我們選擇的理論透露出我們對企業以及這個世界運作方式的假設。常見的商業策略（例如低成本或差異化）就是一間公司能夠選擇採用的理論。此外，從道格拉斯・麥格雷戈（Douglas McGregor）的XY理論（Theory X and Theory Y）中，可以看出他對員工動力與工作績效相互關係的假設。在X理論下，主管以悲觀的態度看待員工，認為他們沒有動力、也不喜歡工作。相反的，Y理論的主管則認為員工能夠自我激勵，也很喜歡工作。在看待和他人一起工作的狀況上，每一種理論都抱持不同的角度。X理論的主管傾向微觀管理（micromanagement），Y理論的主管則採用參與式的管理方式。

理論會牽涉到選擇（例如要採用X理論或Y理論），但自相矛盾的是，理論也包含如同法規般的形式，刻劃出心理關係、社會關係等類型的科學關係，但是這都無法自由選擇。舉例來說，公司內的培訓與員工發展部門都很清楚，根據學術研究顯示，自我監控（self-monitoring）對於學習者

3 Chamber, 1988.

而言相當不利，甚至會阻礙學習。這類學習者特別容易過度看重自身優勢，反而無法好好管理自己在知識或技能方面的落差。換句話說，如果這種從經驗推斷的關係確實存在（自我約束→減少學習），那麼培訓與發展部門要是忽視這層關係，可能就會忽視掉阻礙學習的重要理論因子。

簡單架構理論

對主菜來說，簡單料理的調味料是鹽與胡椒。同樣的，我把組成理論的簡單架構視為最基本的理論，其中包含兩個概念分別是A和B，其中一個概念和另一個概念有因果關係（→）。因此，A→B就是一個簡單架構理論。簡單架構理論有許多範例，下表列出了其中幾種。

簡單架構理論	注解
工作動力→工作績效	X理論認為員工沒有工作動力，主管必須對部屬進行微觀管理。Y理論認為員工具備工作動力，主管採用參與式的管理方式即可。
主管關係→工作績效	主管與部屬的關係是組織內最重要的關係。
員工敬業→工作績效	當你拜訪企業時，很有可能看見對方已經推出提升員工敬業度的計畫，或是相關計畫正在執行中。

（接續下表）

離職意圖→離職	員工想離職就是實際離職率的最佳預測指標。
導師制度→職涯成就	有導師帶領的員工在當下與未來的工作表現都會更好。
自我監控→學習	根據學習理論指出，學生往往不太能掌握自我監控的能力，以致於經常高估自己知道的知識。自我監控對於察覺未知知識，以及修正錯誤並改善學習非常重要。
AQ→影響力	提供答案的能力對於影響他人很重要。

目標設定理論（複雜架構理論）

當然，除了鹽與胡椒，主菜也可以使用多種調味料來料理。所以同樣的，理論可以很複雜，包含許多前因、各種後果，還有變數等。簡單結構理論和複雜結構理論非常不同。在複雜結構理論中，概念之間的相互關係會延伸到超出兩種有因果關係的概念，涵蓋三個或更多變數，以及各種形式的關係。要說明這個狀況，可以採用目標設定理論，這項理論在組織行為學教授進行的一項研究當中，被評為73項理論中最重要的理論。[4]目標設定理論的核心發現在於，比起「盡力而為」，明確而困難的目標會帶來更好的成果。[5]

4 Miner, 2003.

5 Locke, 1996; Locke & Latham, 1990.

圖4.4 明確而困難的目標比「盡力而為」會帶來更好的成果

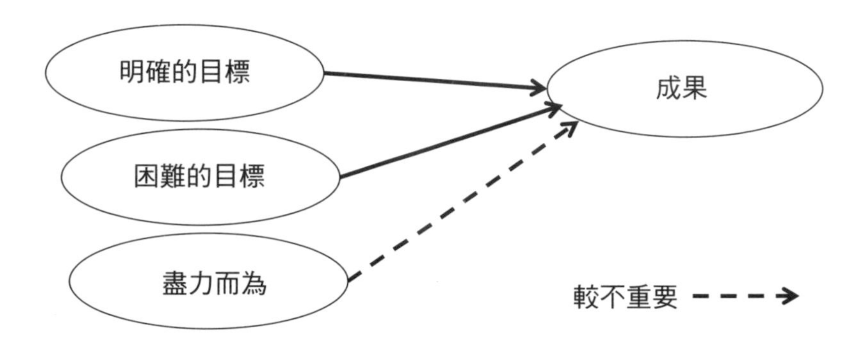

在商業世界中，設定目標的做法隨處可見，像是制定銷售額、團隊的專案目標，以及在發展計畫中設定員工的進步目標。雖然是這樣，我們很容易看著目標設定圖表說：「那又怎樣？」「這個我知道」「我是這樣做」。不過，理論可能很虛無飄渺，你不一定總是照著目標設定理論去做。如果你的孩子喜愛運動，你是否曾經告訴過他要「盡力而為」？也許因為你的父母也是這麼跟你說？大多數父母都會說盡力就好。然而，不同情境下的經驗證據一致發現，具體而困難的目標比「盡力而為」更好。[6]針對這一點，如果這時我在工商管理碩士的課堂上，我會問學生，有多少人覺得應該在教養上用「盡力就好」來教小孩？通常有幾個人會舉

6 Locke & Latham, 1990.

手。於是我繼續用下列故事來說明：

> 我幫五歲的兒子報名每週參加室內足球班，每週在教練監督下會有一場小型的比賽。他很緊張，拒絕和別人一起練習。因此，整整三週的時間我都會把他帶到場邊，讓他跟我一對一練習，而其他小孩就在我們旁邊，在教練的指導下一起玩。其他小朋友做什麼，我們就跟著做。其中一項練習是對牆踢球。教練要大家盡力就好，鼓勵孩子把球踢到牆上，如果球碰到牆，他就會拍手。不過相反的，我訂定一項明確而困難的目標，鼓勵兒子把球踢到離地30公分的牆面上。要把球踢超過目標線是很明確的指示，也很難達成，但是對我兒子來說是可以做到的事。我們連續練習三週後，到了第四週，我兒子終於願意跟大家一起練習。當他加入群體後，踢球的力量明顯比其他孩子更大，也踢得更高。一位父親走過來跟我稱讚我兒子「腿很有力」。

聽完故事之後，工商管理碩士班的學生會分享自己的經歷，討論在童年與職場中「盡力而為」似乎沒有發揮效果的案例。經過課堂討論後，通常支持「盡力而為」的人數就會大幅減少。

目標設定理論的另一個面向經常被視為理所當然，而沒有充分得到理解，那就是回饋。我們都知道回饋很重要，但是有一份整合分析報告發現，38%的回饋對工作績效有負面影響；[7]整合分析報告是透過統計方法整合獨立研究結果，以增加整體樣本數字。回饋反而造成負面影響的原因在於，並非所有回饋都是好的回饋。如圖4.5所示，回饋層級和工作績效之間的關係，會因為回饋品質而產生變化。如果回饋品質很高，那麼回饋層級愈高，工作績效也愈高。相反的，如果回饋品質很低，那麼回饋層級愈高，工作績效反而會降低。

圖4.5　回饋品質會改變回饋層級和工作績效之間的關係

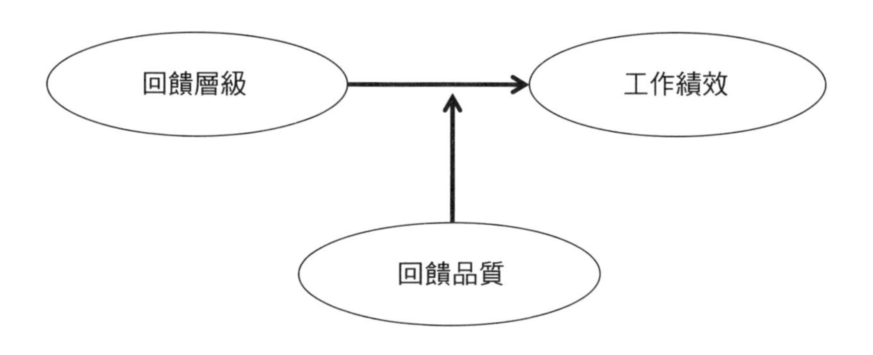

7　Kluger & De Nisi, 1996.

以下是高品質回饋的五項原則：[8]

1. 聚焦特定行為（而不是聚焦在人）。
2. 聚焦在執行者（而不是和他人做比較）。
3. 明確表達期望的行為。
4. 回饋是具體相關目標的基礎。
5. 不要只著重數據。

目標設定理論和其他有趣的理論一樣，都很簡單，但並不會過度簡化狀況。目標設定包含幾項概念（前文提過其中兩項）之間的理論關係，這些關係看似明顯，但卻經常不被理解，或是無法完全得到認同。個人與企業在運用理論時也是如此。

談判的理論（取自課堂內容）

整合式談判的理論牽涉到選擇。整體來說，包含整合式談判在內，基本的談判方法共有五種，談判者可以選擇其中一種。這些談判理論都屬於概念的範疇，而理論能幫助我們理解哪些談判概念和期望的結果最密切相關。這五種談判

8 Kluger & De Nisi, 1996.

方法通常會用一個2×2的象限圖來表示，一個維度是對自己的關注，另一個維度是對他人的關注。

如果從銷售情境來談這五種談判風格，當業務只顧自己、偏好主導風格，採取自己贏對方輸的做法，可能會強迫客戶讓步，而沒有尋找讓對方受益的方法。逃避風格是指業務可能因為懶得了解其他產品，或者出於習慣（總是銷售相同的產品），所以只賣給客戶某系列產品，卻沒有把客戶需要的其他系列產品賣給他們。這樣的做法和自我關注低、也對他人關注低有關，因為銷售不同的產品可能對業務和對客戶都有好處。順從風格則是和主導風格相反，業務可能因為太過在意客戶的需求，而忽略自身的需求，以致於為了幫助客戶而虧本。整合風格的特點是，對自己和他人都相當關

圖4.6　自我關注與對他人的關注形成五種談判類型

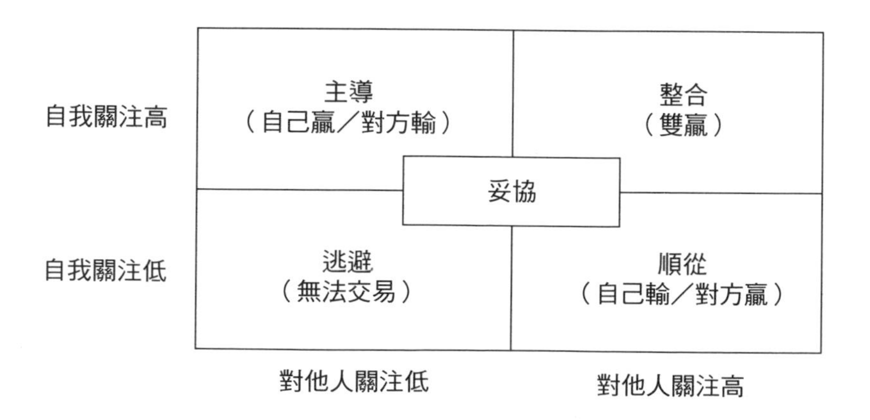

注。採取這種風格的業務會找尋合理的價格，對買賣雙方都有利，這樣便能達到雙贏。最後，妥協風格表示對自己和他人的關注程度都不高也不低。這種做法可以讓雙方都得到一些想要的東西，但是討論有限，也沒有探索到所有選項。這不是一場完美的交易，但對雙方還是有一些好處。

一份整合分析報告（透過統計方法整合各種研究結果，以增加整體樣本數字）發現，整合式談判對雙方的整體效益最高。[9]這屬於一種因果關係，可以標示為「整合式談判→整體效益」。整合式談判最重要、持續不間斷的是各方的關係，雙方都想從中得到最大利益。不論是業務與客戶的關係、部屬與主管的關係，或是應徵者與公司的關係，都是重要且持續的關係，整合式談判能讓雙方各取所需。舉例來說，應徵者不會想要全盤皆贏（採用主導風格），因為他必須和主管與其他同事維持關係。如果應徵者進入公司後持續採用主導風格，主管很可能也會以主導風格回敬他，或是乾脆選擇逃避風格，如此一來，他就無法把精力集中在其他更具有協調精神的部屬身上。因此，談判風格會促成談判者和他人向上（所有人都有益處）或向下（單方贏或逃避）的互動軌跡。

9 De Dreu, Weingart, & Kwon, 2000.

高AQ應用

1. 理解

人類天生就渴望了解週遭的世界。理論能夠滿足我們的好奇心並減少焦慮。好的理論和實際存在的證據相符。我們尋求理論來解釋我們經歷的故事。舉例來說，當我分享五歲兒子踢足球時設定目標的故事，這段經驗會被拿來衡量利益，並且和學生個人或公司裡發生的故事做比較。此外，學術研究證實設定目標確實有好處，而且統計數據也顯示，明確而困難的目標會比盡力而為更有效。最後，當理論被用來和公司內部的數據比較的時候，就稱為商業分析。

我和加拿大一間大型銀行的學習發展部門主管談到員工敬業度。這項議題相當受到各企業的重視，也許是因為員工敬業的故事似乎能夠印證理論。然而，這間銀行採用商業分析後，統計數據卻沒有顯示出員工敬業度能夠預測員工績效、員工滿意度，或是任何一項重要的結果。因此，理論會被拿來和質化證據（如故事）與量化證據（如學術研究與商業分析）做比較。最好的理論能夠解釋所有形式的證據，也能針對這些證據進行三角測量法（triangulation）*。

---

* 編注：意指在研究過程中，運用許多種方法蒐集資料，並且進一步檢視、交叉比較這些資料，讓研究結果更具有效度與信度。

除此之外，理論如果既精簡又詳盡，就會很好理解。我和一位顧問談到AQ時，他告訴我「AQ不會太複雜」，而且還可以用來應對客戶。他用短短幾個字就說明AQ理論很簡單明瞭：有六種答案類型，就這樣。如果AQ列出太多答案類型，比如10種、20種或30種答案，那麼這個理論就會有太多變動要素，因而變得難以應用，就會不夠精簡。理論如果能夠解釋所有想像得到的例子，就可以說是詳盡無遺。在我幫客戶舉辦的研討會上，他們在對話中使用的所有特定答案，都可以分為六種答案類型，這證明AQ確實是個詳盡的理論。總而言之，好的理論可以幫助我們用詳盡又精簡的方式理解世界。

2. 引導

理論能夠引導出其他答案類型。雖然概念是程序與行動的目標，但是只有將概念放入完整的理論模型中，才能確定哪些概念最重要。舉例來說，在談判的情境背景下，如果目標是將共同利益最大化，那麼最重要的談判類型就是整合式談判，而不會是其他類型，如主導、逃避、順從或妥協。理論可以擔任雙方或多方參與者（如團隊、部門或組織）的協調機制。舉例來說，目標設定理論可以用來為整個部門訂定目標。此外，如果選用錯誤的理論，可能會對周遭的世界

產生負面影響。例如，有一項研究向959位人資主管詢問下列是非題：[10]

> 平均而言，盡責（性格）比（認知）智力更能預測工作績效。

他們的答案為「是」。不過，有相當多的整合分析研究證據顯示，認知智力是預測未來工作績效更好的指標。[11]然而，只有18%的人資主管回答正確，而82%的人資主管則回答錯誤。如果依據性格，而不是認知智力來遴選應徵者，可能會過度強調性格測驗，而非認知能力測驗，進而導致未來工作表現不佳的問題。

自我評估

說明：在下頁表格的空格處填入有興趣的主題（銷售、面試、談判、領導力等），並且評估自己對這個理論的AQ有多高。

10 Rynes, Colbert, & Brown, 2002.

11 Schmidt & Hunter, 1998.

	(1) 不足	(2) 有待改進	(3) 尚可	(4) 非常有效率	(5) 優秀過人
強調	很少想到____的理論。	有時候會想到____理論，也會和人討論。	經常想到____理論，也會和人討論。	認真思考____的理論，也認真和別人討論這個理論。	已經將____的理論內化，並且隨時可以用來和別人溝通。在很多不同情況下都會用到____的理論。
因果邏輯	沒有提過____因果關係的重要問題。	對於____、結果與原因無法提出清楚的假設。	對於____、結果與原因可以提出一定的假設。	積極探討各種假設以預測____和結果。	考慮過時間與空間對____理論的影響。
證據	這項理論沒有案例根據，也沒有統計證據。	有案例支持這項理論。	這項理論是根據公司（或任何來源）蒐集到的數據形成，且數據來自第三方。	仔細考慮過各種形式的證據，用來精進____的理論，並且找出強調的重點。	能以思辨能力整合最佳證據來精進____的理論。統計證據能辨識出和____的理論相關的邊界條件（boundary condition）、影響變數與情境。

程序

如果你無法（用程序）描述自己在做什麼，那麼你根本不知道自己在做什麼。

——愛德華茲・戴明（W. Edwards Deming）

程序能夠提供客觀答案，來回答「怎麼做」的問題。

程序代表的是用來實現目的（在AQ領域，指的是目標的概念）的一系列步驟。

圖4.7 程序是回答「怎麼做」的問題的客觀答案

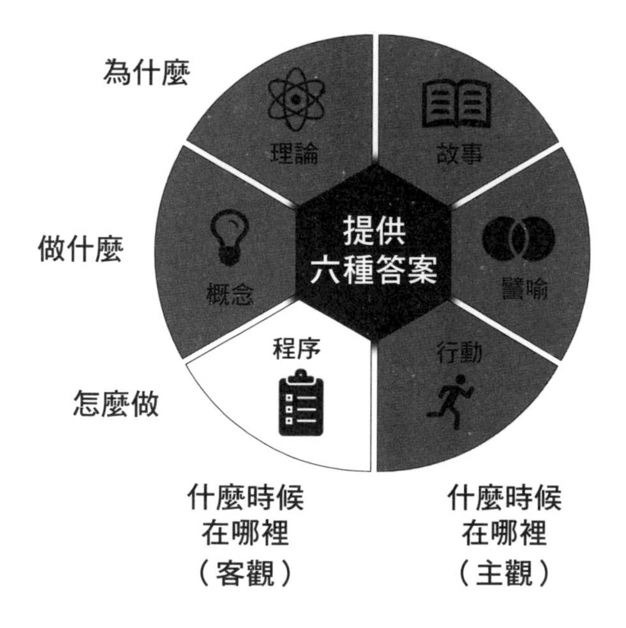

程序是實現目標的概念的流程。目標的概念代表最終目的，或是指過程中的最後一步。換句話說，如果目標的概念是創造力，那麼這代表某個目的（例如產出有創意的想法）可以透過流程來實現。流程是一連串的連續步驟，可能包括回饋迴圈（feedback loop），直到達成最終目的才停止。和程序相關的流程與和理論相關的因果不同。流程模型中包含毫不相關的步驟，但這些步驟會依照順序發生，不過任何一個步驟都不會導致下一個步驟發生。舉例來說，如果你在辦公室工作，每週一上午9點都得參加企劃會議。整個流程可能是這樣：

1. 你坐在辦公室裡。
2. 你沿著走廊走。
3. 你打開會議室的門。
4. 你走向一張空著的椅子。你已經準備好要參加會議了。

這是連續的好幾個步驟，但各個步驟之間沒有因果關係。換句話說，坐在辦公室裡（步驟1）會讓你起身沿著走廊走（步驟2）嗎？答案是否定的。而且，步驟2不會導致步驟3發生，步驟3也不會導致步驟4發生。

相反的，因果模型具備過渡轉變的特性，這表示先前的狀態會影響到下一個狀態。因果存在於從0%（無因果影響）到100%（絕對因果影響）的連續區域內。許多物理學現象是在機率性因果關係（因果關係永遠小於100%）下運作，例如，吸煙不一定會導致癌症（可能性小於100%），但是會提高得到癌症的可能性。美國疾病管制中心（Centers for Disease Control）指出，吸煙者得到肺癌或是死於肺癌的機率是非吸煙者的15～30倍[12]。

AQ所著重的人類行為心理學與社會學理論，都屬於機率性因果模型。舉例來說，性格是用來遴選員工的理論。從多項研究以及上千位受試者的研究結果可看出，以下匯集的五大人格特質和工作績效的相關係數：外向性（0.10）、情緒穩定性（0.07）、親和性（0.06）、嚴謹自律性（0.23）、經驗開放性（20.03）。[13]根據這些結果，以及其他結論一致的研究結果，一般認為嚴謹自律性是影響工作績效最重要的性格特徵。因此，遴選員工時做的測驗普遍會將重點放在嚴謹自律性上。

接下來，我將列出一些程序的案例，它們都和改變、整合式談判，以及其他程序如社會化、流動率與團隊有關。

---

12 https://www.cdc.gov/cancer/lung/basic_info/risk_factors.htm.

13 Barrick & Mount, 1991.

整體而言，被選中的這些程序案例是為了表現出概念的多樣性。此外，重點會放在改變與整合式談判的程序上；在這兩個案例中，我為各自的目標的概念挑選出多項程序，如此一來就能針對各項程序選擇之間的差異加以討論。

改變的程序

所有程序都和執行這些概念的定義一致。因此，行動研究法（Action Research）是以解決問題相關的觀點改變為根據。第一步是「判斷是否需要改變。需要改變的事物哪裡出了問題？」相比之下，欣賞式探詢法（Appreciative Inquiry）的4D模型*是以強項為基礎，目的是聚焦在組織做得好的地方。第一步是「探索」。透過收集資訊與故事找出「什麼是」做得好的事（強項）。這兩種程序都是考量到改變的特性來提出不同的假設作為基礎。最後，力場分析法（Force Field Analysis）是一種通用的流程改變模型，和聚焦於解決問題與專注於強項的改變模型都有關係。

談判的程序（取自課堂內容）

整合式談判的概念、理論、譬喻與故事都有目的。然

* 編注：指4D循環溝通法，分為「新知探索」（Discovery）、「夢想構築」（Dream）、「組織設計」（Design）與「把握命運」（Destiny）這四個部分。

改變的程序

程序名稱	步驟	備注
行動研究法	**1. 判斷是否需要改變** 需要改變的事物哪裡出了問題？ **2. 提出干預做法** 這個做法就是需要改變的事，例如改善團隊合作、管理衝突、提升創意。 **3. 評估並且穩定改變的狀況。**	行動研究法是由社會心理學家庫爾特・勒溫（Kurt Lewin）提出，重點在於找出問題並且提出干預做法。
欣賞式探詢法的4D模型	**1. 探索（Discovery）** 透過收集資訊與故事找出「什麼是」做得好的事（強項）。 **2. 想像（Dreaming）** 預想「可能出現什麼狀況」。 **3. 設計（Designing）** 討論「應該出現什麼狀況」。 **4. 執行（Delivering）** 達成「將會出現什麼狀況」的命運。	欣賞式探詢法來自正向組織行為學派，這代表改變可以構築在強項與潛力上，這和直接解決問題的做法截然不同。
力場分析法	**1. 解放（Unfreeze）** 這個步驟是讓參與者意識到必須改變。 **2. 改變（Change）** 朝著期望的改變去執行。過程並不容易，預期會需要培訓、指導，並且有可能出錯。 **3. 限制（Freeze）** 一旦改變發生，目的是要創造穩定與新的規範，讓改變成為新常態。	1940年代，庫爾特・勒溫提出力場分析法，幫助變革推動者找出改變，並且在組織內推動改變。步驟中會有推力（支持改變）與拉力（反對改變），控制這些力量就能創造改變。

而，這些答案並沒有解決學生在課堂上免不了會提出的問題：「要怎麼進行整合式談判？」整合式談判的每一個面向，包含指出問題、尋找替代方案與結果選擇，全都和程序有關。請想想看下表，以及在整合式談判中尋找替代方案有哪一些程序。尋找替代方案在本質上是一個創造性的流程，因為能夠滿足雙方需求的構想通常會在談判過程中出現。因此，在尋找替代方案的過程中，會使用到有關創造力的程序。

如果團體談判的目的是要找出有創意的替代方案，那麼下表列出的程序最為合適，尤其是腦力激盪與名義團體法（NGT，全稱為Nominal Group Technique）。舉例來說，在複雜性銷售（complex sale）*的流程中，很常見到採購委員會，成員通常包括業務專員、產品專家與高階主管組成的銷售團隊。創意流程模型可以解決關於創意的基本假設：創意是否來自於天賦？說得極端一點，如果創意是聰明才智的靈光一閃，那麼這表示程序對於提高創造力並沒有什麼幫助。不過，創意流程模型的解決方法是，找出聰明才智的靈光一閃，儘管這很難轉換成程序，但是創意流程的其他面向能夠提供幫助，創造出任何人都有辦法遵循的程序。步驟3著重

---

* 編注：即B2B（企業對企業）銷售模式，因為銷售過程中的變數與問題較多、訂單金額高、銷售週期長，以及參與決策的人較多等，故亦稱為複雜性銷售。

在靈光一閃的創意，此時，新構想會毫無預期的冒出來。舉例來說，銷售團隊的成員可能會在下班後開車回家時，發現有機會替客戶解決問題的銷售方案。步驟1、2、4能夠為建立程序提供幫助。依照步驟1與步驟2執行，可以啟發步驟3發生的條件。接下來的步驟4便可以對新產生的構想進行壓力測試。

或者採用另一種方法，像是用來構思一般構想時，腦力激盪法是很常見的程序，尤其是在尋找替代方案的時候。大多數企管碩士生都對腦力激盪法很熟悉，也曾經在職業生涯中使用過。腦力激盪法是在1953年由廣告業高階主管亞歷克斯・奧斯本（Alex Osborn）提出。但是名義團體法的狀況卻完全相反，大多數學生都不熟悉它，不過這套方法和腦力激盪法很類似。進行腦力激盪法時，每一個步驟都是以小組為單位；而在名義團體法中，某些步驟是由參與者獨立完成。舉例來說，在第2步驟（尋找替代方案）中，腦力激盪法是以小組團隊進行，而名義團體法則是讓每個人單獨進行。1958年的一份研究報告結果證明，比起四個人單獨各自發想的組別，採用腦力激盪法的四人小組只能產出半數的構想。[14]接下來的數十年間，這項研究結果不斷被複製，並

14 Taylor, Berry, & Block, 1958.

且延伸出許多研究，舉例來說，人們發現單獨工作的人，可以產生更多、更高品質的構想。[15]因為在這些研究中每個人都是單獨發想，他們的想法組合成所謂的「名義」小組，表示只有名義上是小組，這和真正合作進行腦力激盪的小組形成鮮明對比。因此，名義團體法是讓每個人各自完成重要步驟的程序，而其他步驟則依舊以小組形式進行。

名義團體法小組的表現優於腦力激盪法小組的原因有三項。[16]首先，名義團體法小組的成員比較不會、或是可以完全避免生產受阻（production blocking）的狀況；這個狀況通常會發生在小組討論上，成員同步傾聽或發展構想的時候。其次，當成員產生構想時不需要公開分享，就能減少評價憂慮（evaluation apprehension），創造讓人比較不緊張的環境。第三，減少社會性懈怠（social loafing），因為每一位成員都要負責提出構想。總而言之，並非所有程序都一樣，而且研究已經證實名義團體法優於腦力激盪法。下列比較名義團體法與腦力激盪法，並且呈現出一項重要的基本觀點：有些程序就是會更有效率。程序和其他答案類型一樣，都會因為答案的品質而出現差異。

---

15 Miller, 2009.

16 Miller，2009.

尋找替代方案的案例

程序名稱	步驟	備注
創意流程模型	**1. 準備** 各方都同意問題出在哪裡。[a] **2. 醞釀** 反省思維、非指導性思維（意識不高但經常意識到）、擴散性思維。 **3. 啟發** 產生構想時激起的火花。 **4. 驗證** 測試與檢驗該想法的邏輯，通常會有更細節的說明（更多創意思維）。	創意是否來自於天賦，還是可以透過流程來管理？這個問題已經讓專家困擾了好幾個世紀。創意流程模型認為，創意有步驟可以遵循，而且任何人都能夠跟著做（如步驟1、2、4），但是同時也重視聰明才智的靈光一閃（如步驟3的啟發）。
腦力激盪法	1. 說明問題（以小組為單位）。[a] 2. 產生構想（以小組為單位）。 3. 將所有構想列表記錄下來（以小組為單位）。 4. 將構想排序（以小組為單位）。 5. 討論共識與後續步驟（以小組為單位）。	腦力激盪是產生構想的標準流程，也是完全以小組進行的流程。
名義團體法	1. 說明問題（以小組為單位）。[a] 2. 產生構想（以個人為單位）。 3. 將所有構想列表記錄下來。 4. 將構想排序（以個人為單位）。 5. 討論共識與後續步驟（以小組為單位）。	名義團體法和腦力激盪法類似，只不過第2與第4個步驟是由個人執行。這項做法被稱為「名義團體法」是因為，在上述兩個步驟中，個人只是名義上身在團體中。

a. 在指出問題（整合式談判的一個層面）中，會釐清每一方的需求。這個流程的結果將用來作為尋找替代方案的第一個步驟。

其他程序案例

第113頁的表格是其他各種不同的程序案例。

高AQ應用

1. 以程序規劃行動

有三位切石匠，他們都被問了同一個問題：「你在做什麼？」第一位切石匠照實回答：「我在切石頭。」第二位切石匠帶著些許熱忱回答：「我在做一扇窗戶。」第三位切石匠相當自豪的說：「我在蓋一座大教堂。」[17]三位切石匠的故事，正是檢視程序的起點。程序是規劃出整體（例如蓋教堂）的一連串行動，以及個人在流程中的可見貢獻（他們執行的行動）。如同切石匠的故事，對個人而言，程序可以提供行動的先後順序。

從枯燥的工作流程角度來看，程序可以透過安排步驟與相關的行動，來規畫從輸入到輸出的流程。品管專家開發出許多複雜的檢測程序，其中包含精實生產法、六標準差法、改善法（Kaizen）等。本書的目標讀者是一般大眾，而我認為最有啟發性的方法是豐田的「紙一張」工作法。豐田的所有商業案例都必須能夠用一張紙的單頁表達清楚，其中

---

17 Hoyle, 2009.

目標概念	程序名稱	步驟	備注
社會化	組織社會化的各個階段	**1. 入職前社會化** 在聘雇流程中，管理求職者對工作與組織的期待。 **2. 到職** 這個步驟包括入職培訓，也延伸到包括員工釐清期待與現實的整體流程，歷時約數天、數週甚至數個月。 **3. 角色管理** 在這個步驟中，員工轉為圈內人，並且積極的維繫和他人的關係、開發跨界人脈與期待。	和聘雇相關的社會化程序，是關於外部人員（聘雇前）完全融入組織成為圈內人（聘雇後）的流程。依據工作塑造（job crafting）理論，在角色管理期間，角色可以塑造，也可以調整琢磨。
流動率	LVNE流程	**1. 忠誠** 當員工加入公司時，他們很忠誠。即使出現問題，他們也會為公司付出貢獻。	LVNE流程和員工離開工作有關，組織可以透過管理這個流程，來避免員工流失（離職）。其中有趣的地方在於，步驟2與3的目標都是讓員工退回前一個步驟，這正好說明並非所有流程都是線性發展。

（接續下表）

		2. 發聲 如果問題太多、太嚴重並且達到臨界點，員工會透過提出建議來解決問題。 **3. 忽視** 在這個步驟中，員工會減少對工作的付出，工作品質降低，也愈來愈常請假、遲到。 **4. 離職** 員工離開主管、工作單位與／或組織。	
團隊發展	塔克曼的團隊發展階段	**1. 形成** 發掘期待、機會與挑戰。遵從現有權威。 **2. 風暴** 衝突、競爭、影響他人。 **3. 規範** 建立角色、目的、方法與凝聚力。	布魯斯・塔克曼（Bruce Tuckman）於1965年首次提出，描述團隊發展的過程，指的是一群人轉變為有效率的團隊的歷程。這項理論有趣的面向在於，團隊績效並不會呈線性增加。績效在形成期會增加，在風暴期則暴跌，接著在規範期又快速增加，最後在表現期達到高水準的穩定狀態。

		4. 表現 努力完成任務、有效率、合作、快速解決衝突。	**圖4.8 團隊績效隨著時間演進的變化圖** 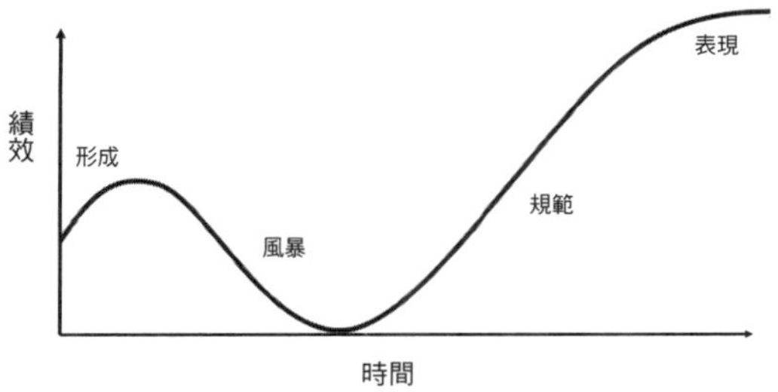 績效 形成 風暴 規範 表現 時間
銷售	銷售漏斗	1. 意識 2. 引導 3. 期望 4. 銷售	銷售流程就像一個漏斗，頂部是步驟1，底部是步驟4。步驟1包含廣泛的潛在機會，而步驟4則是最終購買者的小型子集。每一位業務人員與每一個組織，都能將這個漏斗拿來做不同的應用，像是加入更多步驟、減少步驟，或採用不同類型的步驟等。這表示在每一個重要的流程中，包括銷售等，都可能做出許多調整來達到需求。

包含專案預算與執行理由。尤其重要的是，盡可能用圖表來記錄工作流程。

從豐田的「紙一張」工作法可以看出，想要達到高AQ，可以透過了解工作完成的流程並且記錄（在一張紙上）。當工作流程被記錄下來，可能是以流程圖呈現，其中包括：過程流程（方向）、決策節點、行動，以及端點（起點／終點）。

2. 品質

程序是品質的一部分。品質是工作流程的大框架，包含許多有關於程序（作為AQ的答案之一）如何隨著時間完成、改進的因果關係。下列關於品質的嚴格檢視，將作為案例來說明。

基本上，檢驗品質的方法和沃特・休哈特（Walter Shewhart）於1939年開發的「計畫－執行－檢查－行動」（plan-do-check-act，簡稱PDCA）循環一致。[18]這套方法指出應該先制定程序（計畫），再執行程序（執行），接著觀察結果（計畫是否奏效），並且變動（行動）之後要執行的計畫，於是程序再次開始循環。

18 Shewhart & Deming, 1986.

和PDCA循環一致的是，品質管理的重點在於減少變化，並且持續改進。品質管理的主要目標是讓程序標準化，但是在必要時尋求改變。豐田採取的「例外管理」（control by exception）是在必要時打破或改變例行程序。[19]一旦出現問題，豐田希望生產線員工可以隨時停止生產線，以便立即修復問題。減少缺失（如零缺陷、六標準差）是這套品管方法的核心目標。改善法（Kaizen）在日語中指的是持續改進。品質管理的另一個重點是「少即是多」；比起安排程序中納入哪些步驟，也許更重要的是知道應該刪掉哪些步驟。另一個帶來重大影響的品質管理方法便是敏捷法（Agile）。在敏捷法之下，程序可以為了持續改進而不斷發展與疊代，強調的是速度、回饋與程序的調整。

3. 程序執行概念

所有程序都有需求，而首要需求就是程序的主要目的；為什麼要執行這個程序？對AQ而言，每一個程序的主要目的都是為了執行一個概念。舉例來說，如果「領導力」是要執行的概念，程序就是執行時的步驟。沒有概念的程序將失去方向。重新回想一下三個切石匠的故事，當第三個石

---

19 Liker, 2004.

匠說自己「在蓋一座大教堂」時，可以進一步延伸補充說明為「我正在蓋一座讓自己更接近上帝的大教堂」。因此，「更接近上帝」便是引導切石匠執行程序。召喚上帝代表流程中的高品質與仔細周全。

自我評估

說明：在下頁表格的空格處填入有興趣的主題（銷售、面試、談判、領導力等），並且評估自己對這個程序的AQ有多高。

	(1) 不足	(2) 有待改進	(3) 尚可	(4) 非常有效率	(5) 優秀過人
強調重點	沒有正規或非正規的遵循____程序。	會採用某些非正規的____程序。	對於____程序有粗略的了解，某些步驟已經有正式紀錄。	重要程序有已經記錄下來的步驟可以遵循，也對其他程序有非正規的了解。	根據不同情境將正規與非正規____的程序皆運用自如。
最終目標	目標不明確。	目標不一致。	目標明確。	目標明確、可衡量、可行、恰當並且有時限。	目標已經成為內化的準則。
執行過程	流程中的步驟不明確。	流程中的步驟不一致。	流程中的步驟明確。	無法增加價值的步驟已經刪除。	流程持續進步。明確記錄的步驟已經內化。
團隊合作	過程中不時會被打斷，或是出現拖延與瓶頸。	某些步驟會被打斷，或是出現拖延與瓶頸，但可以改善。	需要時可以和他人合作。	和他人合作很容易。	被打斷或是拖延與瓶頸的狀況已經減到最少。

行動

行動能指引你最重要的事。

——甘地（Mahatma Gandhi）

行動可以透過提供主觀答案，來回答「怎麼做」的問題。

行動是謹慎、有意義的行為，可以被執行、觀察或是談論。例如，高爾夫球課的學生可以在練習場上擊球（執

圖4.9　行動是用來回答「怎麼做」的問題的主觀答案

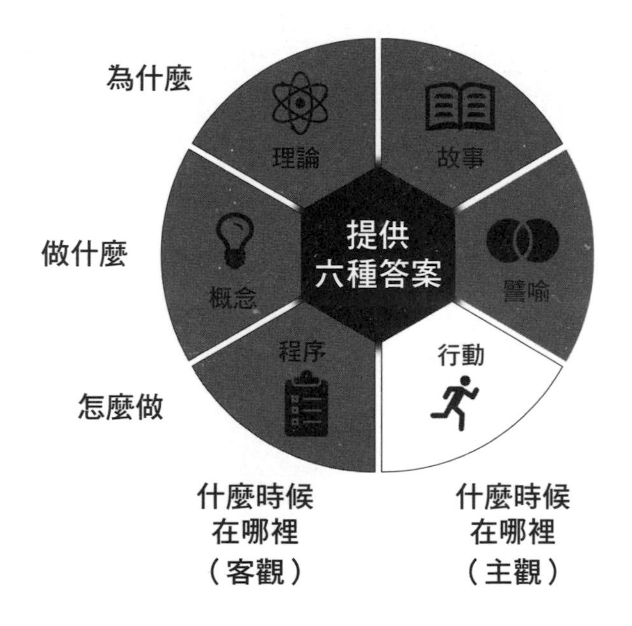

行），或者觀看自己揮桿的影片（觀察），或是在揮桿後討論（談論）。

行動要素

要辨別高品質的行動，有六項要素。*

1. 採用最佳做法

美式足球比賽中，四分衛抓緊球上的縫線後將球投出，這可以增加球投出後的旋轉力道。這樣丟球是最佳做法。最佳做法的意思是，執行某個行動時通常會有一個公認最有效的做法。除非有特殊（而且更好）的選擇來執行這項行動（請參閱下一項），否則都會採用「最佳做法」。因此，在開會前列出會議流程可能是開會的最佳做法。

2. 具獨特性

在競爭激烈的市場中，如果兩個組織（或兩名員工）採取同樣的行動，那麼可能造成競爭性的模仿。為了區別自己與他人，必須採取獨一無二的行動。例如，在面試中提出

---

* 作者注：行動可以分為人為或非人為形式。例如人敲釘子，或者機器也可以敲釘子，兩者都是行動。AQ 尤其強調人為的動作。因此，連結與意義是人為行動的特色。

獨特的答案，就可能脫穎而出。

3. 可確定性

眾所周知，概念與行動之間的關係很明確。行動和程序一樣，都是用來執行概念。舉例來說，如果領導人想要採取責任制（概念），他就要確立具體的行動來讓部屬負起責任，像是每週五寫電子郵件給部屬，來確認專案的進展。

4. 集中聚焦

以藝術來說，戲劇不是真實生活，而是生活的濃縮。聚焦的行動是更好的做法，因為重點在於把事情做好。例如，回信給客戶（動作）的內容可能既冗長又有錯別字，但也可以寫得恰到好處又沒有文法錯誤。

5. 建立連結

行動如果和個人經驗有關，就能夠持續。這和「深度表演」（deep acting）有關。舉例來說，主管可能會花十分鐘坐下來提供建議給部屬。如果這些建議和主管的個人經驗有關（也許他過去曾經得到很寶貴的建議，那麼持續為他人提供建議的行為就顯得更有價值），這樣提供建議（行動）的做法更能持續。

6. 有意義

行動的標準在於感覺有意義。這項標準很主觀，可能因人而異。以個人來說，當我們有感覺，就表示某項行動很有效。舉例來說，業務人員在簡報中分享案例（行動）時，就能夠透過聽眾的反應（肢體語言）來「感覺」這一頁的案例分享有沒有打動他們。當行動以有意義的方式串聯在一起時，就稱為「心流體驗」（flow experience），這個時候，時間會過得很快，做事的人精力充沛且享受其中。[20]

〔本節內容根據Glibkowski等人（年代不詳）的研究修改調整提出。〕

談判行動（取自課堂內容）

下列為整合式談判中各方可能採取的行動。

整合式談判	行動	描述
找出問題	利益至上 (Fisher & Ury, 1981)	「立場」和「利益」的差異很大，立場是官方說法，而利益才是真正的重點、價值與動機所在。從立場轉移到利益的轉變稱為垂直轉移。

（接續下頁）

20 Csikszentmihalyi，1990.

	找出共同問題 (Fisher & Ury, 1981)	與其找出雙方各自的問題，聚焦在共同的問題可以讓雙方都認同並且負起責任。
尋找替代方案	橋樑銜接法 (Lewicki & Litterer, 1985)	各方都提出能夠滿足雙方需求的選項。這些選項就是替代方案。
	吻合興趣法 (Fisher & Ury, 1981)	著重於找出某一方非常重視、另一方卻相對不看重的潛在解決方案。
選擇結果	價值均分法 (Lewicki & Litterer, 1985)	無論任何一種決策規則，最公正、讓人接受的價值交換都是平衡的交換。
	互助法 (Lewicki & Litterer, 1985)	在輪流表達意見時，各方提出彼此最看重的價值，進而將價值最大化。

確認行動

要確認採取什麼行動可能很困難，對許多人而言，這也是最難找到正確做法的答案類型。接下來，我們會討論兩個程序，有助於確認行動。

狩野分析

狩野分析（Kano Analysis）是狩野紀昭教授在1980年代

提出，用來將顧客的偏好分門別類，像是根據產品設計或服務特色來區分。舉例來說，初代iPhone便具備和當時手機一樣的基本功能特色。第二，新的功能特色與顧客偏好呈線性關係，愈多愈好。最後，令人驚喜的功能特色則能夠區分市場定位。像是iPhone正是市面上第一款具備觸控螢幕與主打應用程式的手機。

以AQ而言，這些特色功能就是行動。基本功能與具備線性關係的功能就像最佳做法，而令人驚喜的元素則如同獨特的行動。圖4.11的狩野分析案例是要找出和導師制度有關的行動。人們對導師的基本要求是他能夠定期和學員會面。具備線性關係的功能是要將學員介紹給自己的人脈，愈多愈好。最後，卓越超群的導師能夠提供讓人叫好的要素。舉例來說，在成功的導師制度關係中，學員可以向導師學習，展

圖4.10　初代iPhone的狩野分析

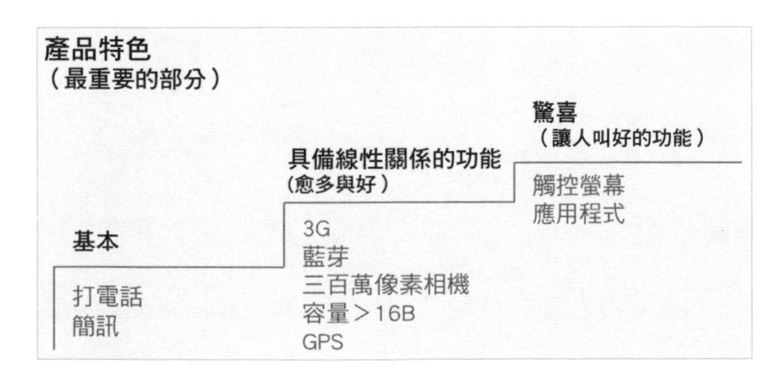

現出導師對學員的關心。或者，導師可以贊助學員參與計畫，但這可能對導師的名聲與政治資本造成風險。最後，導師能夠以身作則，像是邀請學員一起參加會議，讓學員一邊觀察一邊學習。這個導師制度的狩野分析案例重點不是確定應該怎麼做，而是用來說明可以採取的行動種類。此外，這樣的範例能夠套用在任何概念與程序上，幫助自己找出更好的行動方案。

行動與概念有什麼差呢？如果各位查看導師制度的狩野分析所列出的行動，可能會認為列表中的行動反而看來像是概念。在進一步說明前，請容我先簡短說一段題外話。椅子有兩種，一種是概念，另一種是實際物品。椅子的概念能夠定義椅子是什麼。舉例來說，一把椅子需要三支或是更多支椅腳，還要有一個能讓人坐著的平面。如果這項定義正

圖4.11. 導師制度的狩野分析

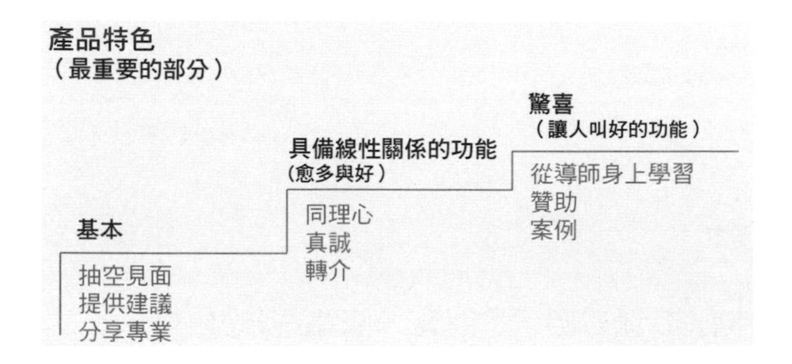

確，我們便能夠區分出在家具店看到的真實椅子（現實世界中的椅子），並且知道椅子和床、桌子或梳妝台有所不同。此外，各位現在可能正坐在一張椅子上（物品），而不是坐在一個概念上（哈哈）。同樣的，教學的概念與教學的行動不同。然而，在寫作與對話時，文字本身就是我們心理想的抽象事物（概念），這可能是狩野分析中的行動列表看起來很像概念的其中一個原因。**依據經驗法則來看，如果人們知道如何採取行動，便不需要進一步具體說明**。舉例來說，如果導師很了解怎麼「抽空」，那麼這項行動便不需要再具體說明。相反的，如果導師問「要怎麼抽空？」，那麼請想想看下列要討論的五個「怎麼做」的問題，這套方法能讓行動更具體，以便在現實世界中運用。

五個「怎麼做」的問題

「五問法」（Five Whys）是日本發明的方法，用來確定造成問題的根本原因。使用這套方法可以找出潛在問題，並提出五個「為什麼」的問題，或是根據實際情況多次提問，來找出問題的根本。五個「怎麼做」的問題和五問法很類似，遵循這些措施就能找出具體的行動，讓人知道該如何執行。以下我們針對前文導師制度的狩野分析中提及的「抽空」行動，敘述五個「怎麼做」的問題該怎麼列。

1. 要抽出時間。該怎麼做？（第一個怎麼做）
2. 要將導師工作放在優先順位。該怎麼做？（第二個怎麼做）
3. 在行事曆上排入導師時間。要排多長時間？（第三個怎麼做）
4. 如果每週排30分鐘？該怎麼和學員碰面？（第四個怎麼做）
5. 透過電話談話，或是見面討論？（第五個怎麼做，行動已經很具體）

高AQ應用

1. 移動並不算工作

豐田生產系統之父大野耐一（1912～1990）提出「移動」與「工作」的差異；蘊含人類智慧的動態行為是工作，而如同動物般的動態行為（例如熊在籠子裡漫步）只是移動。舉例來說，把某個人桌上文件移來移去的行為，可能只是無意識的移動，而不是有意義的工作。以AQ而言，要讓行動成為工作，這項行動就必須是確定、帶有目的去執行一項概念。照這樣說來，把文件移來移去的行為，也可以轉成為了提高效率（概念）而分類文件的工作。

2. 程序與行動的連續體

最極端的業務單位可能只會指示業務人員要「賣東西」。他們強調的是一大串的行動，但是這些行動不像正式程序那樣順暢。但另一種極端的業務單位，則可能會有鉅細靡遺的步驟來推進正式的程序。這樣一來，所有業務人員就可以受訓學習正規的銷售方法。此外，業務單位可能引進客戶關係管理系統，列出銷售流程中的每一個步驟，並且記錄流程中採取的每一個行動。如此一來，便可以把力氣放在制定正規程序上。於是，業務單位的選擇就落在連續體（continuum）上，其中一個錨點是採取極端的流程化，由錯綜複雜的程序引導，將任何一項行動拆解成更小的行動；另一個極端則是著重在整體行動上，沒有正式的特定做法或是行動的順序。這個連續體代表業務單位各自對客觀或主觀答案的偏好。

3. 行動會變

行動會不斷更新與變化。有些行動會像板塊一樣緩慢移動，但的確還是在移動與變化；有些行動則是規律的改變，而且經常像天氣一樣說變就變。舉例來說，初代iPhone發布時，觸控螢幕是很特殊的功能特色。但是到了現在，觸控螢幕只是一種基本功能；顯示出行動有了變化。在敘述方式上，故事與對話非常不同。故事強調的是普世共通的主題；對話則代表電影或戲劇中變動的對談與特定細節。舉例來說，《豪情好傢伙》（*Rduy*）、《奔騰年代》（*Seabiscutt*）與《麻雀變鳳凰》（*Pretty Woman*）都以失敗者為主題，也就是說，這三部電影都有同樣普世共通的主題；相反的，這三部電影的對話卻非常不同，分別是談論足球、馬匹、應召女郎。理論與行動的差異也是這樣。在極端情況下，理論是共同的，但是用來實行理論的行動則會有所不同。儘管行動和理論與故事都有關聯，在AQ的領域中，行動更有可能因為背景脈絡（什麼時候、在哪裡）而出現差異。

自我評估

說明：在下頁表格的空格處填入有興趣的主題（銷售、面試、談判、領導力等），並且評估自己對這個行動的AQ有多高。

	(1) 不足	(2) 有待改進	(3) 尚可	(4) 非常有效率	(5) 優秀過人
強調	沒有著重在改善____行動上。	會尋找____行動，但經常不確定該怎麼做。	已經找出幾項行動，並且時常採用。	有一大堆____行動可以採用。	根據情況不同，可以採取事前規劃的____行動，或是隨時靈機應變。
審慎	很少採取審慎的____行動。	____行動經常偏離目的。	時常採取審慎的____行動。	能夠輕易判斷需要哪些____行動。	可以依據付出的心力、精力與目的調整____行動。
適當	面對所有情況時，不論需求是否不同，依然採取相同的行動。	還沒找出可以根據不同情況應變的簡單行動；做事方法變來變去卻沒有什麼道理。	會重複使用過去使用過的有效行動，並且時常懂得根據當下情況調整行動。	能夠因地制宜調整做法。	可以發明新的行動，而且設計得比現有行動更好。
有意義	時間過得很慢，行動愈來愈費力。	對於採取的____行動完全不了解、很疏離。	有需要時，能夠自在的採取____行動。	對於採取的____行動完全了解、很熟悉。	採取____行動時，可以做得又快又不費力。

故事

故事是將構想傳達給世界最強而有力的方法。

——羅伯特・麥基（Robert Mckee）

故事可以透過提供主觀答案，來回答「為什麼」的問題。

故事包含在場景互動的角色，並且是用來揭露主題。

下列故事出現在領導力培訓課程中。說完故事後，我

圖4.12　故事是用來回答「為什麼」的問題的主觀答案

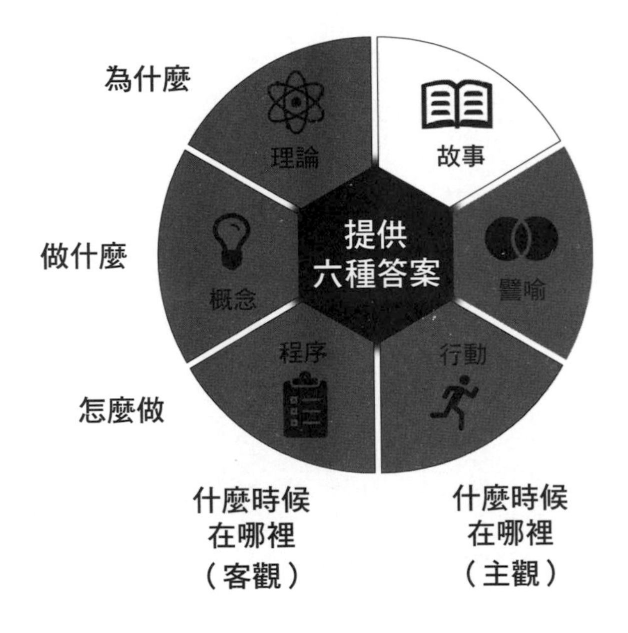

們會討論幾項故事元素。

潺潺溪流的寓言故事

故事始於西元前4世紀的秦國大將軍府。

信使：「大將軍，我軍是敵軍的四倍之多，李將軍向您擔保秦軍必勝。」

將軍：「然秦軍又一隊人馬即將敗下。」

信使：「我不明白。」

大將軍帶信使到將軍府後方的湖邊。他將一張紙放在

圖4.13. 大湖示意圖

湖水上，紙張一動也不動，僅在同一地點漂浮。

信使：「這是什麼意思？」

大將軍帶著一行人到一條小溪邊，丟了一張紙到水面上。那張紙飛快的流走，然後消失了。

使者：「我思考了一個多小時，還是不懂您的教訓。」
大將軍：「敵方的蘇將軍將自己放在前線，後備軍隊則安排在江邊，無路可退，只能背水殊死一戰。我們的李將軍則鎮守後方，他的軍隊像大湖一樣。當潺潺小溪只往一個方向沖去，很容易就

圖4.14　小溪示意圖

能把紙帶走，大湖卻無法動不了；所以，小而團結的軍隊會獲勝。」

四天後，秦軍果然大敗。

故事元素

以下是潺潺溪流寓言故事中顯示出的五項基本故事元素。儘管光這五項要素並不夠全面，但我從研討會的經驗中發現，這些要素已經足以構成一個能夠引發共鳴的故事。

1. 主題

每一個故事都應該要有主題。上述故事的主題是決心致勝。當將軍與軍隊意志堅定，便能贏得勝利。除去其他故事元素，主題就是理論。引導出主題的事件就如同AQ框架中的行動。

當敵軍將領在前線，最容易受到敵人的攻擊。這顯示出這支軍隊將軍的決心，讓軍隊背水一戰，無路可退，只能前進。相比之下，秦軍將領身在後方，安全不受敵軍進犯侵擾，顯示出缺乏決心。再加上秦軍分散、躊躇不前，並沒有奮勇向前的決心。

這個主題表達的是一個抽象的理論，不受時間與空間的限制。舉例來說，多數經理人都會同意，決心確實能帶來成功或勝利。這是現今商業界培訓仍然採用這個故事的主要原因之一。然而，故事中的特定行動可能無法適用於所有的商業情境。現代經理人的確不太可能帶領軍隊打仗，而且在某些情況下，領導者在前線打頭陣反而會減損士氣。像是賦權等概念就是指領導者應該在後方，並且賦權給部屬；在這樣的情境下，在後方領導的做法反而才能激勵團隊的決心。因此，這個故事的重點在於一個普世通用的主題，而不是故事中提到的特定行動。

2. 場景

故事場景是在大將軍府、關於秦軍的戰情，時間是西元前4世紀；場景代表故事發生的時間與地點，可能影響故

圖4.15　故事的敘事結構

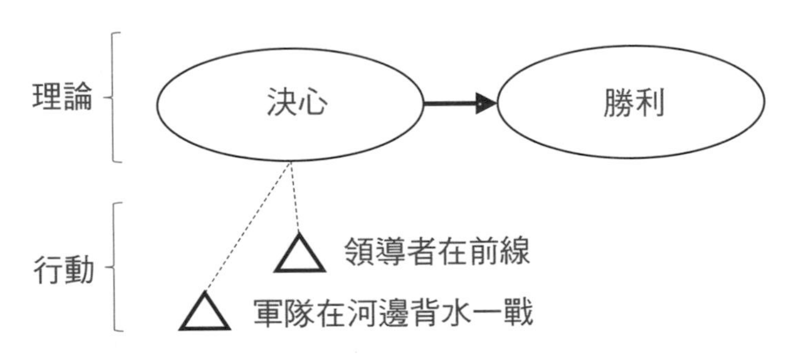

事中的主題與行動。舉例來說，通常特定的行動只會發生在特定的情境裡，像是敵軍在河邊背水一戰。加入特定元素凸顯背景能夠讓故事更真實、更可信。舉例來說，海明威英語（Ernest Hemingway）用英文寫作《老人與海》（*The Old Man and the Sea*），但在小說中點綴西班牙語詞彙，讓當時講西班牙語的古巴場景活靈活現。

3. 立體的人物

敘事學學者將人物分為圓型人物（round character）與扁型人物（flat character）。圓型人物如同現實中的人一樣真實；真實的人很複雜、有情感，可能自相矛盾，並且表現出人性特質。扁型人物和圓型人物相對，如同漫畫人物，不是立體的人，反而很平面但不複雜。雖然潺潺溪流的寓言故事很短，卻能看出這位大將軍是個智者，雖然不直言，卻採用可以論證的方式告訴別人重要的道理。以經驗法則來看，圓型人物的生活不會受到故事內容的局限，讀者能夠想像到這位大將軍和其他人在行宮裡的故事與對話。為了達到這個目的，虛構小說的作者經常會為角色建造豐富的背景故事，儘管小說中並不會提到這些故事。或者，這些作者在下筆前可能會模擬採訪某個角色，好讓角色更加立體。同樣的，商業界經常採用非虛構的故事，這時就必須花時間來理解人物，好讓他們更立體。舉例來說，業務人員就應該要有完整的立體性格。

4. 戲劇性

每一個故事都應該要有戲劇性的元素，而且通常和故事轉折有關。在潺潺溪流的寓言故事中，秦軍的人數是敵軍的四倍。一般認為，軍隊人數多的一方會獲勝。而在戲劇性的轉折中，秦軍敗陣了。根據我的經驗，聽到這個故事的人會說「真有趣」。通常許多企業案例會結合故事；大部分人都喜歡舉例（案例研究）說明有效的培訓方式，或是業務人員與顧客的應對。但是，這些例子可能缺乏戲劇性。如果舉的例子沒有戲劇性，就不算是故事。

5. 開頭、中間、結尾

雖然顯而易見，但是故事會有開頭、中間與結尾。故事開頭會介紹背景、問題與出場人物。在中間，會發生帶出主題的事件，人物角色面臨戲劇性的危機。在結尾，危機解除，故事主題成為焦點。我發現，故事中這三個部分有時候會有一個或是好幾個被跳過，或是沒有發展完整。結構很重要，才能創造出引人入勝並達到效果的故事。

談判的故事（取自課堂內容）

在課堂上，我講了一個經典的談判故事，是關於一對姊妹與柳橙。有一對姊妹，她們用的是不同食譜，但料理食材都需要柳橙。不過，她們只有一顆柳橙，又沒人想出門去雜貨店買。她們陷入僵局，兩人都想要那顆柳橙。媽媽聽到吵架聲，告訴她們這樣吵架很愚蠢，應該想辦法解決問題。於是，女孩開始討論。其中一個提議把柳橙切成兩半，一人一半。這樣就得把食譜份量減半，但至少她們都可以做料理。兩人對這個解決辦法很滿意，把柳橙切成兩半，但是當她們要把用不到的部分丟掉時，媽媽說：「等一下。先別丟，妳們要丟掉的部分可以給對方用。」她們困惑的看向對方，這才發現一個人需要柳橙皮，而另一個人需要的是果肉。最後，她們當中一個人拿走整片果皮，另一個人拿了所有果肉，兩個人都可以做出完整的料理。

這是一個整合式談判的故事。從這個故事可以看出，整合式談判包含滿足各方需求的解決方法、替代方案與結果選擇。正如故事所說，兩姊妹都想要整顆柳橙並沒有經過整合考量。接下來，將柳橙切兩半作為替代方案與結果選擇，也算是經過部分整合考量。而這個做法表面看來經過整合考量，但其實並不是，因為柳橙的某些部分還是會被丟掉。然而，直到這對姊妹了解彼此的需求（一個需要果皮，另一個需要果肉），才出現整合性的解決辦法。總體來說，在找出完整的問題、尋找替代方案以及結果選擇後，兩個女孩都能夠做出完整的料理。整合式談判讓她們都能得到最大利益。

高AQ應用

1. 當個敘述者（講故事的人）

試著用「我來講個故事⋯⋯」作為簡報的開場，你會立刻發現聽眾從善如流，而且願意傾聽。敘事學學者認為，除了語言，人類之所以是人類的決定性特質，就是我們有能力將世界化為故事。對於哪一種答案比其他答案更重要（答案類型的排序請參見第8章），我抱持保留態度；但是，如果要在條件相同的情況下選一個，那麼我有很好的理由可以說故事最重要。也許最令人信服的例子是，在治療領域中，已經出現所謂的「敘事治療」（Narrative Therapy），重點在於利用故事的作用來塑造一個人的身分認同。[21] 畢竟所謂的生平故事就是一種難以改變的個人敘事。舉例來說，把個人敘事定調為受害者的人，將會很難改變這種心態。然而，敘

21 Freedman & Combs 1996.

事治療的重點就在於，透過敘事方式去解構，並且幫助病患重寫自己的故事，藉此帶來長遠的改變。

在AQ的情境中，重要的是利用故事原有的力量和他人產生連結，並且以現有的故事來傳遞訊息、為其他答案類型補充資訊。舉例來說，兩姊妹與柳橙的故事便結合整合式談判的理論，在課堂上很有說服力。故事提供情感的渲染力，而理論則提供邏輯與準確性。

2. 改編故事

為了有效溝通，故事可以有不同的版本（例如，短版、中版或長版故事）。舉例來說，電梯簡報就是創業家向潛在投資人講述的極短版故事。擁有高AQ的人可以從聽眾的反應判斷要縮短或拉長故事。不同的故事版本差異通常在於溝通有效或無效的差別。重要的故事（尤其）應該根據長度需求，以及其他因素（如產業）而生成許多個版本。大家都知道，如果銷售時分享的案例和潛在客戶屬於同一個產業，就能產生更大的共鳴。

3. 生產與消費

人們很容易以為，創作故事和購買故事一樣容易。作為故事的消費者，我們可以去看電影，然後評價這部電影好不好看。開會時聽到的故事也一樣，我們可以分辨這個故事好或不好。有趣的是，知名編劇教練羅伯特・麥基曾指出，作為愛看電影的人，我們很快就能察覺，許多大製作的電影並沒有扣人心弦故事，還可能會有很多無謂的暴力或特效。大家很容易會認為，這些電影代表成功的電影製作公式，淡化故事的價值。相反的，麥基卻說那些都是當代最棒的故事。事實上，生產故事很困難。對專業編劇而言，或是對於每天使用AQ的人來說，說故事一樣都很困難，而且許多故事無法發揮效果。

因此，架構故事時要特別注意，必須忠於本節提到的故事元素，也就是主題、場景、圓型人物、戲劇性，以及各部分（開頭、中間、結尾）。

自我評估

說明：在次頁表格的空格處填入有興趣的主題（銷售、面試、談判、領導力等），並且評估自己對這個故事的AQ有多高。

	(1) 不足	(2) 有待改進	(3) 尚可	(4) 非常有效率	(5) 優秀過人
強調	沒有和別人分享____故事。	____故事只是例子，不是具備真實角色、清晰主題、特定場景的完整故事。	至少知道一個好的____故事。	有好幾個好的____故事。	有一個____故事可以用在所有情境。
角色	角色很平面、不豐富，而且沒有記憶點。	角色很寫實，但經常在缺少關鍵的完整性。	角色很鮮活、複雜，而且讓人能感同身受。	角色的變化令人驚訝。	角色的回應富有情感，也很睿智。
主題	情節似乎沒有重點，而且無法讓人印象深刻。	已經表明、宣告主題，但無法令人信服。	在不相關的事件中產生意義。	在不相關的事件中，情節連結成一段旅程，並克服困難創造改變或變革。	傳達普世通用的主題，蘊含重要的經驗教訓。
場景	場景模糊籠統，而且沒有記憶點。	有特定的時間與地點，但是重要事實、假設或場景中其他面向並不完整。	場景很真實。	場景能讓人感同身受。	場景包含重要的細節，而且細節與故事的推進有關。

譬喻

> 譬喻就是有辦法將最多的真理濃縮在最少的空間裡。
>
> ——歐森・史考特・卡德（Orson Scott Card）

譬喻可以透過提供主觀答案，來回答「做什麼」的問題。

譬喻是比較兩種生活領域（主要、次要）的不同行

圖4.16　譬喻是用來回答「做什麼」的問題的主觀答案

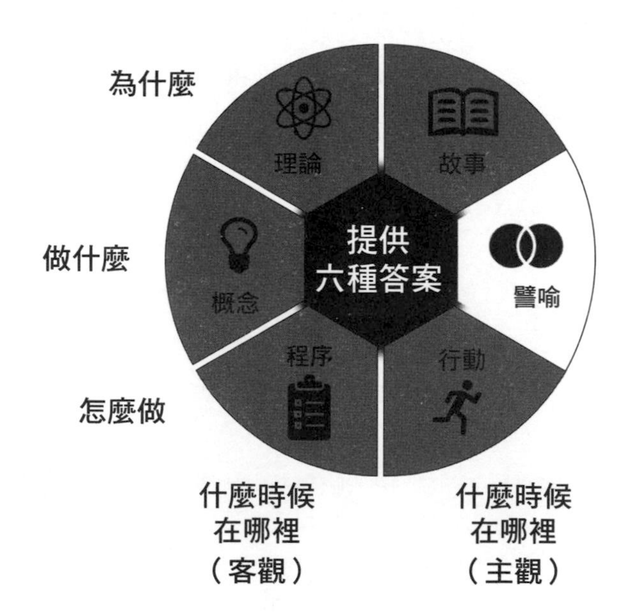

為，來顯示概念的共通點，有利於了解主要的生活領域，也就是對話的重點。這項定義讓譬喻和對話中發生的行動與概念有了連結。

解構譬喻

不幸的是，前述定義很難懂（很專業），卻是了解如何運用譬喻提升AQ的必要途徑。要了解如何運用譬喻提升AQ，請想想以下的銷售譬喻。

這場簡報簡直是**一桿進洞**。〔高爾夫〕 完美

粗體字是括號裡描述次要領域（高爾夫）的動作（一桿進洞）。畫底線的字是主要領域（銷售）的行動（簡報）。方框內的文字代表主要與次要領域中隱含的概念（完美）。

要進一步理解這句高爾夫球的譬喻，就得了解一桿進洞的難度。對於一個標準桿三桿的球洞（指的是一般球員可以在三桿內將球打入洞）來說，新手完成一桿進洞的機率為1／12,500，職業高爾夫球手的機率為1／2,500（美國一桿進洞的標準）。如果業務員把這句譬喻和主管分享，並且兩人又是高爾夫球球友，那麼他們很有機會可以理解一桿進洞

的完美程度。主管與業務的解讀很可能是：會議非常順利，完美！或者可以說接近完美。沒有什麼比一桿進洞更好，這場銷售簡報會議就和一桿進洞一樣精彩。

即使對於不打高爾夫球的人來說，這也可能是一個很好的譬喻，從一個看似遙遠的次要領域傳達主要領域的意涵。然而，新手或是不打高爾夫球的人，可能就無法理解一桿進洞的難度。像是主管以為一桿進洞的機率是50%，自然無法理解這場會議有多精彩。如果是這樣，業務員可能要採用不同的譬喻，比如「這場簡報簡直是藝術極品」。藝術極品通常可以說是傑作，而傑作的每一筆都是完美無瑕，或堪稱盡善盡美。

為了進一步說明AQ中的譬喻結構，下列提供幾項銷售時可以使用的運動類譬喻與簡單說明。

我們已經把企畫書給他們了，**現在球在他們場內**。〔網球〕 責任

網球分為兩個區域交互擊球，一方玩家擊球後，另一方玩家反擊。擊球的責任會轉換輪替，還沒輪到自己的時候，什麼都不能做。

讓我們今晚就把這筆交易談成，**而且要全場緊迫盯人！**〔籃球〕 決心

在籃球賽中，全場緊迫盯人是一種積極的防守姿態，所有防守的球員都要想辦法對整個球場上的進攻者施壓。想要達成任務或目標，絕對需要立刻下定決心。

我們已經將簡報交給客戶，**開始倒數十秒囉**。〔拳擊〕 關切

當拳擊手倒下，裁判會根據規定開始倒數十秒，在這段時間內，倒地的選手可以站起來繼續出拳，或是在十秒後被判失格。這句譬喻表示說話者非常關切某件事，因為機會不是全有，就是全無。

這筆交易**直到終點線**才會見分曉。〔賽馬〕 結果

在賽馬中，根據傳統做法，終點線是一條拉緊的繩子，所以要到最後一刻才會知道輸贏。

我們再試著聯絡更資深的主管，**交給萬福瑪莉亞了！**〔足球〕 機會不大

萬福瑪莉亞長傳和天主教大學的橄欖球隊有關，指的是四分衛奮力丟出長傳球越過球場，經常發生在比賽時間快結束，試圖在球門區抓到球得分的時候。只有瑪莉亞顯靈，這球才有可能成功。所以萬福瑪莉亞長傳代表奮力一搏的最後嘗試。

為了在明天之前把簡報準備好，**我們必須一起奮力划槳。**〔划船〕 合作

在一艘載著八個人的船上，如果其中一側划槳划得比另一側更快，船就會傾斜。好的團隊會調整划槳的方式，以求達到最快的速度。要打造高績效團隊，協力合作很重要。

談判的譬喻（取自課堂內容）

在課堂上，我會用下列譬喻來解釋整合式談判的概念。

有效的談判技巧就像**分享一份芝加哥深盤披薩**。〔用餐〕 整合式談判

粗體字指的是括號裡次要領域（用餐）的動作（分享深盤披薩）。底線字是主要領域（如課堂裡討論的組織行為）的行動（如有效的談判技巧）。加框文字代表主要與次要領域共有概念的比較（整合式談判）。

如果可以找出問題與尋找替代品，披薩的周長就會增加。誰不想要更大的披薩？此外，如果這份披薩平分給餐桌上的每個人，大家都會很高興；也都會想再度和彼此一起用餐。這句譬喻能夠將整合式談判過程中「創造價值」（加大披薩）與「申明價值」（讓每個人的披薩一樣大）的關係視覺化。

高AQ應用

1. 譬喻能夠讓概念更好理解

概念通常很複雜，或者含義很幽微，讓人霧裡看花。我曾在一間人力資源顧問公司服務，這間公司為全球前50大公司開發複雜的供應鏈人才管理方案。問題是，這些人才管理產品比客戶更難懂，而客戶也不了解這些產品可以做什麼。為了解決這些問題，我們用譬喻來說明產品特色。我身為導師，想到許多重要又奧祕的概念，如團隊合作、領導力、耐心等。一個恰到好處的譬喻可以表達出文字定義無法傳遞的微妙之處。

2. 內建還是借用外力？

想像面試時，面試官問：「介紹一下你自己吧？」如果你告訴對方你剛剛看過的電影，或是在網路上讀到的內容，應該會非常不尋常。以我的經驗來說，業務拜訪也是如此，潛在客戶想聽到的是和你們公司核心業務有關的故事。相反的，如果你能找到一個重要的概念（和工作面試或業務有關），用股票來譬喻通常很能被接受，而且很有用。舉例來說，如果你確定自己的首要軟技能是領導力，下一次準備面試前請用Google搜尋「領導力的譬喻」，並且找出一個最有共鳴的譬喻。我認為關鍵不在於譬喻的出處，而是在於譬喻的深度（見下一項）。

3. 好的譬喻必須有深度

在AQ中，我用來表示譬喻的符號是兩個部分重疊的圓圈。這個符號代表譬喻能夠找出概念之間的相似之處，所以會有部分重疊。如果不同概念完全重疊，那麼可以說這些概念在主要與次要領域中「同形」（isomorphic），而且在這兩個領域中，概念的定義也是一樣的。這種完全重疊很理想化，因為所有譬喻都會在比較到某種程度時瓦解。高品質的譬喻有個特點，那就是更有深度，這代表從更多角度去比較也能成立，而且圓圈的重疊範圍會更大。舉例來說，我喜歡將AQ比喻為多節火箭，而這兩者之間重要的相似之處包含：這個譬喻可以說明努力的概念，因為AQ與火箭都需要大量的燃料、血汗與能量才能抵達平流層。對於不知不覺間被誤導、認為回答問題很容易的人，我發現這個譬喻可以說服他們。其次，多節火箭也有助於傳達升空時最需要努力的概念。農神五號需要的燃料當中，有61%是在第一階段升空時消耗掉。同樣的，高AQ實踐法1（提供六個答案）是最重要的實踐法，需要最多努力才能像火箭一樣升空。簡而言之，如果認為AQ很重要，那麼在進行重要的對話前，就要把六種答案準備好，在對話中謹慎運用這些答案，並且在對話後反思有沒有可能進一步提升答案品質。對話前、對話中與對話後這三個階段，都需要付出巨大的努力才能成功，因為這牽涉到心態與習慣的改變。最後，所有譬喻都會崩解。農神五號是分階段依序發射的多節火箭；AQ則包含五種實踐法，不只三階段，而且除了第一種實踐法，其他實踐法並沒有特定的順序。

4. 譬喻是唾手可得的果實

譬喻就像西方諺語所說的低垂果實，很容易就能採摘。只需伸手抓住低垂的果實，無需爬上梯子。譬喻比故事更容易傳達概念。首先，以時間限制來說，說出譬喻只需要幾秒鐘，而講完一則故事可能需要至少一分鐘。其次，講故事需要技巧，才能有效傳遞資訊。比如人物塑造、適當安排停頓與整體故事進展速度、場景表現風格、製造懸念的能力等，都需要講故事的技巧才能達成。相比之下，譬喻屬於簡短的陳述，任何人都可以說「剛剛的簡報簡直是一桿進洞！」。然而，這並不代表使用譬喻不需要技巧。使用譬喻時，有一個部分很重要：知道如何根據現況挑選譬喻。在訪談頂尖高爾夫教練時，我們詢問一位擅長使用譬喻的專業高爾夫教練，問他是否總能在指導學生時使用適當的譬喻。他回答：「可以。」但他又補充道：「如果第一個譬喻不管用，我也可以再說一個備案的譬喻來表達重點。」這就像是到果園採蘋果時，你總會希望挑到適合的蘋果。如果要烤蘋果派，可以選擇翠玉蘋果（Granny Smith），但如果這種蘋果不是當季，則可以選擇紅龍蘋果（Jonagold）。補充說明，這就是有深度的譬喻的一個好例子（見前一項）。

5. 動之以情

譬喻就像故事，可以引發情感的共鳴。但你無法告訴別人要感受到什麼。有效的譬喻能夠讓接收者發自內心的感同身受（但也可能沒有）。舉例來說，我在課後與一位企管碩士生聊天。我知道她的工作和園藝有關，也恰好知道一個和園藝有關的不錯領導譬喻，於是我說：「領導就像園藝，你可以替園裡的植物澆水與施肥，但植物不一定會長得好。」這個譬喻讓她豁然開朗。她是新上任的主管，但是苦於自己的努力沒辦法總是發揮效用。她現在才意識到，這些小小的失敗很正常。儘管我們在課堂上討論過其他相關的概念，但只有譬喻能讓人產生連結。每一個有效的譬喻都能將睿智的概念用情感包裝起來。

自我評估

說明：在次頁表格的空格處填入有興趣的主題（銷售、面試、談判、領導力等），並且評估自己對這個譬喻的AQ有多高。

	(1) 不足	(2) 有待改進	(3) 尚可	(4) 非常有效率	(5) 優秀過人
和____相比較	沒有使用____譬喻。或者，針對____和其他概念與行動，只能夠提出較隨意的比較，很難準確指明重點。	對於____和其他概念或行動的譬喻，無法提出有效的比較。例如，比較沒有關聯、太刻意，或者需要解釋很多才能懂。	針對____和其他概念與行動，能夠傳遞有關聯又有趣的比較。	能夠在對話中強調關鍵的____譬喻，可以透過不斷重複來加深和其他概念與行動的比較，並且增進對____的理解。	可以根據對話者的特定專業知識與個人興趣來客製____譬喻，並且將____和其他概念與行動的對比效果達到最高，讓人感同身受。

05
高AQ實踐法2：回答兩次

除非雙贏，否則協議不可能持久。

——吉米・卡特（Jimmy Carter）

回答兩次就是回答「為什麼」、「做什麼」以及「怎麼做」的問題兩次，以吸引左腦與右腦的注意。理論與故事可以回答「為什麼」的問題；概念與譬喻可以回答「做什麼」的問題；程序與行動則可以回答「怎麼做」的問題。

雙方都必須贏。所以，優秀的溝通者會吸引兩邊的大腦，也懂得回答兩次。具備高AQ的溝通者，會回答「為什麼」、「做什麼」以及「怎麼做」的問題兩次，以便同時吸引左腦與右腦的注意。左腦掌管邏輯、客觀與順序關聯，偏好有理論、概念與程序的答案。右腦有創意、很主觀而且比較隨興，更喜歡有故事、譬喻與行動的答案。

本章的範例背景，是以應試者艾莉卡的虛構對話為主。艾莉卡曾經擔任主管職三年，受到獵才顧問邀請去面試一個總監職位，這個職位等於是她目前職責的延伸。在這個範例中，我們也會描述高風險的對話。如果風險很高或是狀況很混亂，就應該使用回答兩次的技巧。除此之外，這個對話會示範結合兩種答案來回答問題的技巧。回答兩次就像一支精心編排的舞蹈，表現時可能流暢自然，也可能顯得笨拙尷尬。畢竟，你應該不會想踩到舞伴的腳趾頭吧。

圖5.1　遇到「為什麼」、「做什麼」以及「怎麼做」的問題，要回答兩次來吸引左腦與右腦

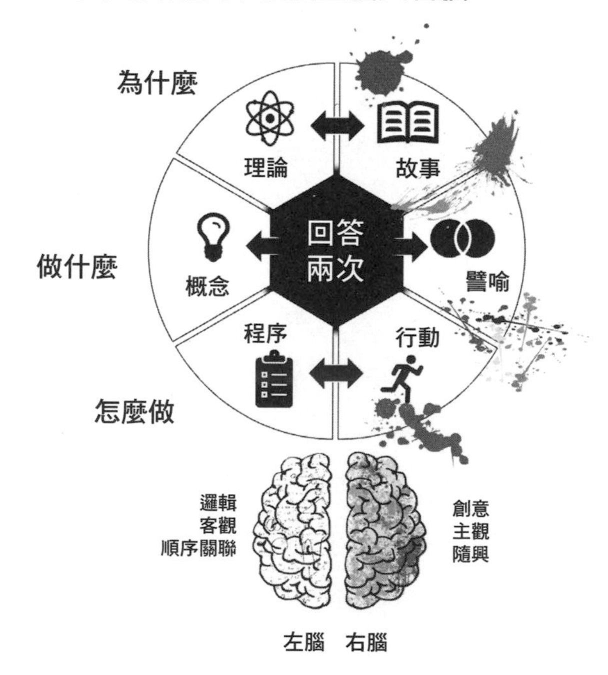

在第二章中，我們用認識世界的客觀與主觀方式，來區分AQ環狀圖的左右兩側區域。在本章中，會藉由檢視吸引左右腦的譬喻答案，進一步深入AQ環狀圖的左右兩側組成。幾十年來，同時吸引左右腦的方法一直是和譬喻有關的智慧，適用於銷售、面試、婚姻以及無數其他議題。同樣的，在本章中，我們將看見能夠吸引左右腦的答案，對於提高AQ而言非常重要。

「做什麼」的問題

人資招募與人才管理經理認為，軟技能與硬技能同樣重要，甚至軟技能更加重要。2019年，領英（LinkedIn）針對超過5000名人資專家做了調查。92%的受訪者表示，軟技能比技術能力更重要，89%的受試者也指出，不好的新員工通常缺乏軟技能。[1]軟技能是指可以運用在各種工作上的智力、人際與社交技能等，例如創造力、溝通能力、領導力、問題解決能力等。相反的，硬技能往往更容易量化，並且通常和特定工作類型有關。舉例來說，編製資產負債

1 2019 Global Talent Trends Report, 2019.

表對會計師來說是一項硬技能，而搜尋引擎最佳化（Search Engine Optimization，簡稱SEO）對專業行銷人員來說也是一項硬技能。

面試官：「你最優秀的軟技能是什麼？」

艾莉卡回答了兩次。

艾莉卡：「我表現最好的軟技能是領導力。確切的說，領導力是幫助部屬變得更優秀的能力，我稱之為『變革型領導』（transformational leadership）。其次，領導人應該讓部屬承擔責任，我稱之為『交易型領導』（transactional leadership）。我們可以將領導力想成編繩，當變革型領導與交易型領導這兩股繩子相互交織，編織而成一條編繩，領導的力量就會比各自單獨存在的繩子更強。」

總體而言，艾莉卡透過回答兩次，將領導力定義為變革型與交易型（概念），還說領導力是一條編繩（譬喻）。

「為什麼」的問題

面試官：「為什麼我們要雇用你？」

艾莉卡同樣回答了兩次，並且繼續強調她的領導能力。

艾莉卡：「我要講個故事。在我之前工作的部門裡，公司經常提拔沒有管理經驗的員工當主管。於是，我也獲得升遷了，但我開始觀察獲得升遷的人，注意到一個令人擔心的狀況。新上任的主管會著重在變革型領導，卻忽略交易型領導。主管想要取悅他人的想法再自然不過，當然就會採用變革型領導。部屬不會對變革型領導有意見，也沒有人反對，大家有志一同，變革型領導愈多愈好。

相較之下，許多員工拒絕承擔責任，而新上任的主管通常會自然而然把忽略問責的狀況合理化。舉例來說，他們會說：『我可不想大小事都插手去管』，以此掩飾推託卸責的問題。或者，想要和部屬當朋友的想法也可能反而造成問題。我見過幾位和同事很要好的人，升職後和同事變成主管部屬關係，但還是想維持友誼，因此在這段關係中，問責被弱化、變得不再重要。」

艾莉卡把這個故事和她的領導風格串聯起來。

艾莉卡：「觀察過其他新晉升主管的做法後，我告訴自己，一定要成為變革型領導與交易型領導並重的領導人，這就是我過去兩年來擔任主管的領導方式。」

接著，艾莉卡轉而用理論答案再一次回答問題，以確保清楚表達出想法，並且進一步強調她的觀點。

艾莉卡：「我相信，變革型領導與交易型領導都對員工的工作表現很重要。而且老實說，我認為變革型領導與交易型領導同樣重要。」

透過明確表達重點，概述變革型領導與交易型領導會影響工作表現的想法，這則故事的寓意便一目瞭然。就算有不清楚的地方，面試官也會補充提問來釐清她的想法。其次，艾莉卡提到變革型領導與交易型領導同樣重要，這強調她對兩者同樣看重的信念，也凸顯出許多低績效管理者並沒有注重交易型領導以把握主管部屬的關係平衡。

「怎麼做」的問題

面試官：「妳怎麼領導其他人？」

艾莉卡：「每項專案結束後，我都會進行PMC分析，從加分（Plus）、減分（Minus）、待改進（Change）來分析。這套方法包含三個步驟，我會請團隊討論：

1. 加分：做得好的地方。
2. 減分：做得不好，卻不知道該怎麼改進的地方。
3. 待改進：做得不好，但知道該怎麼改進的地方。

PMC分析的程序著重在專案的正面貢獻，通常和變革型領導的概念一致。此外，透過不斷分析減分與待改進的地方，可以將問責的做法變成常態的例行公事，而不是久久才發生一次的事件；否則，問責可能讓人覺得棘手，甚至心生埋怨。

此外，為了更完整的闡述程序答案，艾莉卡提到一個具體的行動來證明自己有能力執行這個程序，還能做得非常好。

艾莉卡：「我還喜歡採取相反的觀點，進一步將問責的做法轉為常態。這屬於相對積極正向的做法。每當討論加分的地方時，我都會找方法把它變成減分或待改進的地方。舉例來說，如果團隊成員認為客戶在簡報最後的問答環節很積極參與，我可能會指出客戶在簡報開始時不太專心，這屬於待改進的地方。問答時的許多重要說明應該在前面簡報的時候就提出來。我也會反向提問回應減分或待改進的地方，並提出一個做得很好的事情。」

總之，透過回答兩次，艾莉卡闡述運用變革型領導與交易型領導的重要程序，並且指明一項具體的行動（當個唱反調的人）來說明自己具備相當高的執行力。

高AQ應用

1. 要有策略

回答兩次的做法要用在重要的問題上，而不是用在所有的問題上。如果每一個問題都回答兩次，很容易出現提問者疲累的狀況。換句話說，回答兩次的做法是用來強調觀點。

在艾莉卡面試的案例裡，她針對所有問題（為什麼、做什麼、怎麼做）都回答了兩次。但是在實際情況裡，面試官應該判讀情況，找出最重要的問題，還有最容易混淆的部分，針對這些問題請應試者回答兩次。

2. 拆解步驟

根據傳統，騷莎舞的第一個舞步是女舞者的右腳向後退一步，而男舞者則是左腳向前進一步。在運用回答兩次的做法時，可以選擇用左側或右側的答案來引導。如果從左側開始回答，會讓大家開始傾聽。舉例來說，理論可以清楚陳述主要的重點（X→Y）。講完理論後，可以用故事來強調重點，這時聽眾可以做好準備，聚焦在故事的主題，並且理解故事與理論一致的部分。相反的，如果先從右側開始回答，過程則會更戲劇化。先講故事時，聽眾只能自己推敲並且理解重點。接著，當說話者提出理論時，如果聽眾捕捉到的故事主題與說話者提供的理論一致，聽眾就會更加讚賞、認同這個理論。

騷莎舞教導我們，第一步很重要，否則會踩到舞伴的腳趾。在AQ中，選擇從左側或右側開始回答，是我們採取回答兩次的做法時，必須精心編排的另一個選項。

06
高AQ實踐法3：補充說明

每個人都喜歡受到讚美。

——亞伯拉罕・林肯（Abraham Lincoln）

讚美與補充說明都是強化資訊的機制。補充說明有兩種形式：鄰近形式與鞏固形式。補充說明的鄰近形式是指，透過一、兩個鄰近的答案來支持已經給出的重要答案。舉例來說，可以用理論與程序來補充說明一個概念（重要答案）。鞏固形式則是指六種答案彼此互相強化資訊。

AQ不是蓋房子

在哲學中，有兩種基礎方法可以檢視知識。第一種觀點是基礎論，認為知識就像一棟建築物，每一層都是知識，並且上一層的知識建築在下一層之上，而一樓的知識則築在

圖6.1　每一種答案都可以用鄰近的答案來補充說明

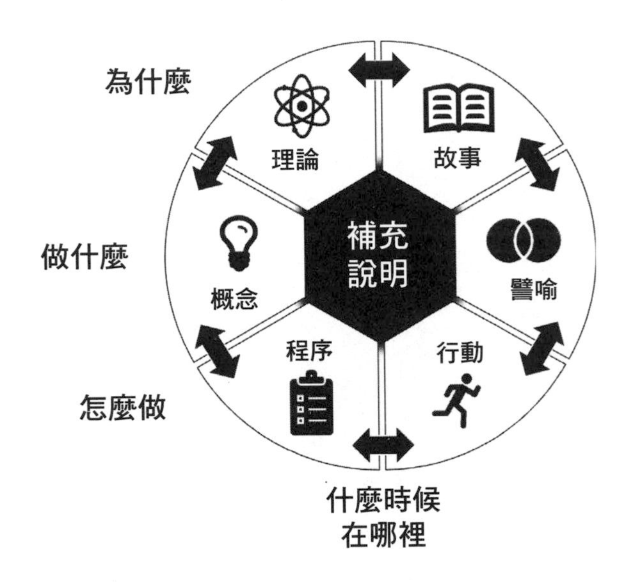

地基上。地基代表不證自明或基本的信念，無需辯證，並且可以支撐上方樓層的重量。我認為AQ和基礎論不同，AQ不是一棟建築物。有幾個說法反對基礎論的論點，我認為其中兩個和AQ有關。

基礎問題

基礎論認為知識必須有基礎，這個基礎的信念高於其他所有的信念，而且其他所有信念都建立在這個基礎的信念上。用AQ的語言來說，這代表某一種答案類型（理論、概念、故事、譬喻、程序或行動）是其他答案類型的基礎。如果你和許多教授聊過，可能會發現他們偏好將理論當作其他答案類型的基礎。然而，當你檢視那些重要理論，也會發現這些理論通常是由實踐經驗（程序與行動；正是理論的相反）歸納而成。哈佛大學的沃爾頓（Walton）與米克西（McKersie）在1965年根據身為協商者的談判經驗，提出關於整合式談判與分配式談判（distributive negotiation）的開創性理論；他們還經常讀實際的談判紀錄文本給學生聽。在商業領域中，史蒂夫・賈伯斯（Steve Jobs）會因為具備考量整體局勢的觀點（也就是他對世界抱持的理論），或是能將故事說得讓人沉浸其中而備受讚賞。但是，其他人可能會指出，如果沒有史蒂夫・沃茲尼亞克（Steve Wasniak）的技術能力（也就是程序與答案），就不會有蘋果。在我看來，把某個答案類型當作其他答案類型的基礎，還暗示這個結構不可改變，實在不太可靠，因為這代表一旦基礎打好，以後就再也不可動搖。然而，真實生活中的對話不像打地基，會依據對話內容轉換重點（基礎）。舉例來說，當我建議學生在大學四年級的最後幾週開始找工作，他們會專注在可以找到工作的實際答案（程序與行動）。一年後，這個學生可能已經成為公司裡充滿抱負的主管，準備要和執行長開15鐘的會議，這時談話重點可能在於深入探討公司的策略（也就是AQ中的理論與概念）。

層級問題

層級和地基有關，因為選定地基後，所有樓層都要依照順序蓋在上面。邏輯上來說，每一層（例如三樓、二樓、一樓）代表論點裡的一個說法：第三個說法建立在第二個說法之上，第二個說法則建立在第一個說法之上。我曾經試著用設定的基礎答案類型和同事、學生與客戶對話（對話時和對話之間不能變更，就像樓層間灌了水泥一樣）。但是這個做法無法說服我，因為我相信沒有一種答案類型可以作為其他答案類型的基礎。除此之外，無論另外五種類型的答案怎麼排序，對話都會很快離題。比基礎問題更嚴重的是，我發現層級問題更麻煩，顯得既隨意又任性。光是要找出某種答案是其他答案的基礎，就已經很困難，將接下來的答案依照順序排列，就如同詢問針頭上有多少天使在跳舞一樣，宛如晦澀難懂的智識思辨，尋求這件事任何意義。

AQ是海上的船

知識的第二個基礎觀點是融貫論 (Coherentism)，強調知識就像一艘可以出海的船。木材、螺栓、托梁、金屬、零件、設備以及船員，都對這艘船能夠出海有所貢獻。各個細項配合得宜，船就不會有破洞，也不會翻船。在融貫論當中，任何一種信念都是依據它和其他信念的適配程度來衡量。舉例來說，如果適配程度高，船就不會進水。用AQ的術語來說，任何一種答案類型的真實性，都取決於它和其他答案類型的適配程度。融貫論可以避免必須找出基礎的問題（一種答案類型優於另一種答案類型），也可以避免根據順序安排答案的問題。舉例來說，面試的時候，應徵者可能會提到關於領導力的故事（一種答案類型）。面試官可以透過確認這則故事是否和其他答案類型適配，來驗證故事的真實性。面試官可以問：「可以告訴我，你是如何領導的嗎？」如果應徵者無法討論具體的程序與行動，那麼這個故事可能被視為粗淺、流於表面。相反的，如果應徵者可以根據其他五種答案類型來重述故事，那麼這則故事會被認為是一致、可靠以及值得信賴。

最好的情況是，如果某個答案得到其他五種答案的支持，就可以說是一致的。我稱為補充說明答案的鞏固形式。在一艘船上，任何一個結構的適航性都會受到其他結構的影響，答案也是如此。任何一種答案都會受到其他答案的影響。比如說，當船頭（船的前面）有裂口，一旦裂口太大，就會讓整艘船沉沒，包括船尾（船的後面）也無法倖免。同樣的，一個糟糕的答案可能會毀掉應徵者，導致其他五個優秀的答案化為泡影。

然而，由於順序（展開對話可以決定問題與答案要怎麼排列）、興趣（認為某些答案更重要）以及時間（限制可以涵蓋到多少個答案）的限制，我們通常無法實際涵蓋到所有的六種答案，或是讓回答的比重均等。因為有這些限制，我建議用鄰近形式來補充說明。舉例來說，沿用船隻的適航度譬喻來說明，假設這艘船回到陸地，停靠在乾船塢的時候，可以把裂口的地方修好（主要答案），並且額外關照、強化裂口附近的地方（鄰近答案）。對話就像船上的洞，是透過主要問題（為什麼、做什麼或怎麼做）在交流，焦點在於知識的鴻溝（結構、敘述、程序）。回答問題後，主要答案將填補知識的鴻溝，而鄰近答案能夠支援補充說明。

鄰近答案有三個級距，或者說是程度差異。第一個級距的答案彼此最相似（在環狀圖上也相鄰）。這些答案會被分類到第一個級距，是因為它們相似的程度極大，卻沒有任何重疊的部分，也就是說，它們在各個方面都相似，只在某個層面有差異。舉例來說，概念與程序就屬於第一個級距的鄰近答案，因為它們都是主觀性的答案，唯一的區別是，概念回答的是「做什麼」的問題，而「程序」回答的是「怎麼

圖6.2 答案種類之間的距離級距

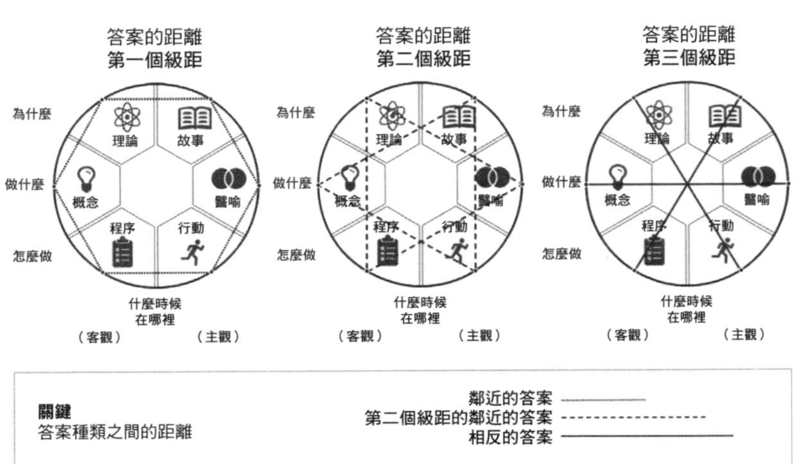

做」的問題。同樣的，程序與行動也屬於第一個級距的鄰近答案，同樣回答的是「怎麼做」的問題，唯一的區別在於，程序是客觀的答案，而行動則是主觀的答案。以此類推，兩個屬於第一個級距的鄰近答案僅有一個層面有差異。第一個級距的鄰近答案能讓對話更順暢，而且它們的效果微小到經常被視為理所當然。

鄰近的答案經常被視為理所當然，而我要特別強調它們是因為，我想讓執行團隊明白，理論與故事互有關聯（第一個級距的鄰近答案）。如同所有高階主管自有一套企業策略（AQ中的理論），我想讓他們知道，運用故事可以很自然的傳達理論。為了說明這一點，我讀了一些伊索寓言故事給他們聽。舉例如下。

《青蛙與牛》

一頭牛來到長滿蘆葦的池邊喝水。他笨重的踏進水裡、水花飛濺，一隻小青蛙被他踩進軟泥裡。

不久後，老青蛙想起小青蛙，問他的兄弟姐妹他最近過得如何。

其中一個說：「一個大怪物、用他的大腳踩到弟弟了！」

「大怪物！」老青蛙把肚子鼓起來說「有這麼大嗎？」

「喔，更大！」他們大喊。

老青蛙把肚子吹得更大。

「他不可能比這個更大，」老青蛙說。但是小青蛙都說那個怪物大多了，於是老青蛙不斷吹氣、吹氣，直到突然之間，他的肚皮脹破了。

（資料來源：http://www.read.gov/aesop/002.html）

我們接著討論這則故事的寓意：「做真實的自己。」這個故事講的是關於自知之明。任何故事的寓意都可以轉化為理論，作為因果關係的模型。我們可以說，這則故事的理論是「自知之明→平安健康」。這些主管都同意我的說法，認為理論與故事互相關聯。在AQ中，理論與故事都著重在回答「為什麼」的問題。當我明確指出理論與故事之間的關係，這些主管就了解這個伊索寓言練習的重要性，並且意識到，策略要用故事來傳達（而且反之亦然）。

當我們從逆時針方向檢視AQ環狀圖，會發現每一個相鄰的答案之間，都有一種微妙、經常被視為理所當然的關聯。理論與概念互相關聯，都聚焦在客觀的理解，分別解決「為什麼」與「做什麼」的問題。理論則建立在概念之上，例如滿意度與忠誠度是兩種不同的概念，但是，「滿意度→不離職」則是一項論點，屬於員工流動理論的一部分；如果加上因果關係，就會變成：快樂的員工比較不會想離職。

同樣的，概念與程序之間的關係也很清楚。每一個程序都是為了達到某些目的（AQ中的概念），而且這些目的和完成程序的最後一步有關。舉例來說，腦力激盪（程序）是為了發展出更多、更好的創意（創意是AQ中的概念，也是程序的目標）。

程序與行動有關，分別以客觀與主觀的視角回應「怎麼做」的問題。如同前文所述，程序可以呈現出食譜中的步驟（例如，烤蛋糕的十個步驟），以及和步驟有關的動作（例如，打雞蛋）。因此，從組織到個人的每一個程序都強調步驟，而每一個步驟都和某個動作有關。

行動與譬喻也是互相關聯。譬喻通常被視為一種語言技能，因此，中學的英語課上會教這門學問。從另一個角度來看譬喻，它是體驗物理世界（以及AQ中的具體行動）的技能。從這個角度來看：

> ……譬喻能夠將抽象概念轉化為物理宇宙中的物品，來幫助我們理解這個抽象概念。如此一來，這些抽象概念便具備物理屬性，如材質、形狀，以及移動或是被移動的能力。
>
> （Anderson, Bramwell, & Hough, 2016, p. 69）

在AQ中，有形的物品代表真實世界的動作。和其他相鄰的答案類型一樣，譬喻與行動之間的連結被視為理所當然。事實上，當譬喻與行動之間的關係完全被當作理所當然的時候，就叫做「死亡譬喻」（dead metaphor）。舉例來說，死亡線（deadline）指的是截止期限，但是這個詞原來是譬喻監獄的最外圍，也就是死刑犯被槍決的地點。另一個例子是翻肚（to go belly up），指的是商業上的失敗，但是這個詞原來是譬喻魚死後肚子朝上浮在水面上。在這兩個例子中，隱含的動作（分別是位在邊界和魚漂浮）都和死亡譬喻有關，但是在溝通的時候，人們通常不會去管那個和譬喻有關的原始動作。

最後，故事與譬喻互有關聯，因為它們回答「為什麼」與「做什麼」的問題都是要解釋主觀的經驗。所有的故事都可以轉化成譬喻。例如《羅密歐與茱麗葉》是一齣愛情悲劇，整個故事可以濃縮成譬喻「命運多舛的戀人」。

總之，每一組第一個級距的鄰近答案都以微妙（被視為理所當然）的方式互補。有趣的是，第三個級距的鄰近答案（相反的答案）之間也有微妙的（被視為理所當然）的關係。然而，不同於第一個級距的鄰近答案之間會很類似，相反的答案之間經常會出現矛盾，甚至可能產生衝突。

出於某些限制（順序、興趣、時間），回答相反答案的風險很高。想想位於AQ環狀圖上相反位置的故事與程序。一般來說，我們去看電影是為了故事（希望有情感連結）。去看翻拍美國名廚茱莉亞・柴爾德（Julia Child）生平的電影是為了知道她的故事，而不是為了學她的食譜步驟（程序）。如果不是電影，想像一下當螢幕出現一連串食譜，一個接一個連續90分鐘會發生什麼事。大家都會走出電影院，你可能也會走出去。在這個例子裡，主要限制是興趣，去看電影的人有興趣的是故事，而不是程序。

理論與行動在AQ環狀圖上也位於相反的位置，在限制（順序、興趣、時間）方面同樣是相互抵觸。想想看當某位教授的興趣很局限會是什麼狀況。我認識一位教授，他是研究領導力的優秀學者，主要焦點都放在理論上。有一次他告訴我，他不會參與合作進行研究的公司任何一場會議，而是派博士生出席。我很詫異，因為根據常理來看，他這樣做完全和教別人（在這個例子中，指的是他所研究的公司）怎麼領導背道而馳。然而，從AQ的角度而言，這是有道理的。因為他關心的是領導力的理論，而不是實際的運用，例如藉由程序或行動幫助別人提升領導力。在公司的研究簡報中，高階主管總是會圍繞實際的問題對話，例如「我要怎麼運用這個領導力理論？」這位教授一點都不關心要如何提出和領導力有關的「怎麼做」的問題。為了提前制止這種實際對話發生，他會從一開始就避開和那些主管互動。如同這些主管所說，他就是最典型的象牙塔裡的學者。

最後，概念與譬喻是兩個相互抵觸的相反答案。儘管概念與譬喻都是要解決「做什麼」的問題，但是它們採用完全相反的方式。客觀概念與主觀譬喻之間的距離很遙遠。舉例來說，環狀圖的一端是被定義的概念。事實上，任何商業入門教科書的最大特徵就是提供定義。而在環狀圖的另一端，譬喻屬於一種天賦，而這個說法來自亞里斯多德。

> 目前最偉大的事情就是成為譬喻大師。這是無法從別人身上學來的能力，也是天才的象徵，因為一個好的譬喻蘊含著異中求同的直覺洞察力。
>
> ——亞里斯多德《詩學》

所以，概念與譬喻之間的距離可以非常遙遠，如同新手與天才之間的差距。根據我和大學生共事的經驗，這些學生通常可以定義他們表現最好的軟技能（概念的答案），但是有33％的學生無法想出一個表達這項軟技能的譬喻。這個例子再次凸顯出，概念與譬喻之間的距離或許遙遠。

最後一點，第二個級距的鄰近答案之間的距離不近也不遠。在AQ環狀圖上，這一組答案之間隔著另一個答案。因此，（根據情境狀況不同）第二個級距的鄰近答案可能可以稍稍互補，但也可能出現些微矛盾。

高AQ應用

1. 專家懂得提供六種答案

高AQ實踐法1指的是給出六種答案，強調針對手邊的問題提供唯一、正確的答案。相反的，本章的重點在於，提供六種答案作為強力有效的補充說明答案。這樣一來，任何一種答案類型都可以用另外五種答案來補充說明與強化答案。

在最初的AQ研究中，世界頂尖的高爾夫球教練都懂得提供六種答案，並且和學生分享、運用這六種答案。此外，在和研究團隊面談時，我親眼見證他們圍繞著AQ環狀圖對話，無縫接軌的從故事講到程序、講到概念，或是任何可以深入對話的方向。在各個答案類型之間切換自如，可以視為專業與專精最顯著的特徵。「專業」的專家能在清楚提供主要答案的情況下，再運用其他答案類型來溝通。環狀圖的其中一項特徵和專業相呼應，也就是這六種答案類型並非獨立存在，而是依據它們彼此的距離，和其他答案類型互相重疊。因此，如果有位教授說自己是某個理論的專業專家，那麼他有多少能耐可以提供其他五種答案類型，便反映出他對這項理論的理解。然而，「專精」的專家則是所有答案種類的專家，而且他們的專精能力並不是源於某一種答案類型。

以運動來舉例說明，麥可・喬丹（Michael Jordan）剛成為職業籃球員時，他在進攻方面屬於專業的專家。確切的說，他很擅長帶球上籃，最為人所知的是，他很會在對手頭上灌籃。在他的職業生涯初期，他的進攻能力讓他可以在籃下很遠的地方跳投。直接了當的說，防守他的人因為不想被灌籃，自然會往後退，於是這讓他在無人防守的狀況下，從距離籃框更遠的地方跳投。換句話說，他很會跳投，是因為他擅長帶球上籃。隨著職涯發展，他進步到能在比賽中投出三分球，還能背對籃框再轉身跳投，成為一名擅長進攻的「專精」專家。在進攻方面，他無所不能，所有進攻方法都是他有力的武器。

兵之形，避實而擊虛。

——《孫子兵法》

2. 要說服別人也得補充說明

如果有人告訴你一個他深信不疑的故事，那麼你不太可能會用不同主題的不同故事，來說服對方改變想法。運用任何一種答案類型時也是同樣的道理：用一個行動來反駁另一個行動沒有說服力；要用一個概念來反駁另一個概念也很困難。用同樣的答案類型來反對某個答案，不過就是「喊得更大聲」而已，我們都知道這樣做沒有用。要說服別人，一定要用沒有那麼絕對的鄰近答案，在戰術裡這就叫做「打擊弱點」。舉例來說，如果有人斬釘截鐵的說了一則故事，那麼就要問對方這則故事的理論依據，或者這則故事如果用譬喻來描述是什麼意思（理論與譬喻都是和故事相鄰的答案）。

07
高AQ實踐法4：建立回答風格

要讓世界變得更好，就從自己的內心、頭腦與雙手做起。

——羅伯特・波西格（Robert M. Pirsig）

以回答風格來說，有三種風格鮮明的溝通方式能夠影響別人。關係風格（故事與譬喻）能動之以情；分析風格（理論與概念）能說之以理；實用風格（程序與行動）則能讓人起而行。

分析、關係與實用風格

李奧納多・達文西（Leonardo da Vinci，1452～1519）是建築師、工程師、數學家、科學家、雕塑家、畫家、哲學家，此外他還有更多身分。他是文藝復興人，也就是說，他是精通多門知識的專家。在我們針對世界頂尖高爾夫球教練

圖7.1　三種溝通風格

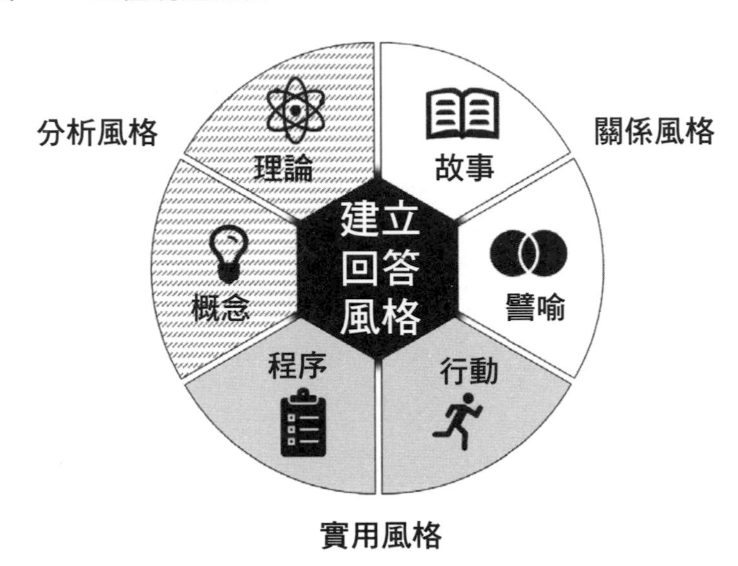

所做的研究中，我們觀察到，他們使用所有答案類型來溝通的能力都相當卓越。我們把這些全能的專業答案提供者稱為「通才溝通者」（renaissance communicator），他們是精通關係風格、分析風格與實用風格這三種答案風格的人。

這三種答案風格各自針對不同的目標來溝通。關係風格利用故事與譬喻來建立個人與情感的連結；分析風格使用理論與概念來解釋並預測複雜的世界；實用風格則是運用程序與行動來執行具體的任務，並且取得成果。

這三種風格組合起來就是通才溝通；但是個別來說，

這些風格代表每一位溝通者偏好的答案類型組合。我主要採用的溝通風格是分析風格。在開發AQ環狀圖之前，我還是個博士生，現在依然記得第一次讀到社會心理學創始人庫爾特・勒溫（Kurt Lewin）的一句話：「沒有什麼比一個優秀的理論更實用了。」身為受到社會科學訓練薰陶的人，這讓我產生共鳴。博士課程的目的在於提出理論。事後看來，我在第一章提到的「置物架上的資料夾」故事中，客戶之所以不重視研究結果報告，原因可能出自他不偏好這種答案風格。研究團隊（包括我在內）注重的是分析風格，而客戶則注重實用風格。我在研究與顧問領域、乃至於教學上都著重於分析風格。

在開發AQ環狀圖之前，我認為課堂上不需要實際案例，甚至不需要教科書。我喜歡先分發學術文章給這些大學生，再開始上課。別忘了，根據我的估算，95 ～ 100%的學術文章都聚焦在概念與理論，而不是程序與行動（見專欄7.1）。我還記得，開始訪談世界頂尖高爾夫球教練做研究之前，我期待並希望了解的是他們如何把高爾夫球理論教給學生。然而，研究結果卻顯示，他們採用的是AQ與三種回答風格，這些答案與回答風格沒有階級與優劣之分，而是三種溝通風格平等結合。

專欄7.1　學者用的是「分析風格」，不是「實用風格」

如果討論分析風格（理論、概念）與實用風格（程序、行動）的字數算是某種指標，那麼在學術期刊上發表的文章，就是揭露學術界最看重的指標。學術期刊文章通常有30頁，排版多半是採用單行間距。大部分內容都是關於理論、研究、統計數據等，然後很小一部分（如果有）才會討論到實際的應用。在最頂尖的世界級學術期刊《美國管理學刊》（*Academy of Management Journal*）中，如果要討論到實際應用時，通常只有一個小段落，標題多半是「實際應用」，但是內容常常流於表面，並且會用過度誇大的說法來強調理論，大多類似以下句型：「本研究於實際應用的主要發現，有待管理者採用本文提出的理論。」

各位有沒有見過健身房裡有一種人，上半身奮力的做重量訓練，下半身卻很單薄，看起來很不平衡。讓你很想告訴他，可以多做一些深蹲與踮腳訓練。開發出AQ環狀圖之後，我意識到自己就是健身房裡的那種人！學生需要我在課堂上運用實用風格回答的肌肉。所以我付諸行動，運用教科書、分享案例，讓學生閱讀著重實用風格回答的文章，並且讓他們參與真實的商業模擬練習。這些做法都是在強調實際層面的程序與行動，來運用領導力、談判、團隊合作、創造力，以及我在組織行為課堂上教過的其他學術理論。

我也重新思考自己的關係風格回答方式。我向來很擅長講故事，以及運用譬喻來連結事物。然而，從AQ的角度思考後，我了解到如何帶有目的的使用關係風格的答案。舉例來說，身為一名顧問，我經常被找去研究企業內部的問題，例如員工流動率高、領導力不佳，或是員工敬業度低落。我通常會進行評估調查、收集數據、分析結果並且提出報告。這套流程和我在讀博士期間那個「置物架上的資料夾」故事中做的事一模一樣。但是，開發出AQ環狀圖之後，我採用不同的方式和客戶互動。我會先針對主題收集他們成功與失敗的故事，然後將這些故事和評估調查的結果結合起來。我和客戶的互動因此大幅改善。於是，簡報會議通常會這樣進行：

作者：「我來分享貴公司在員工敬業度上做得很成功的三則故事……。」〔分享三則故事〕

高階主管：「對，我們就是這樣做！」他們會熱烈的同意。

作者：「我再分享貴公司在員工敬業度上做得不太

好的三則故事。」

高階主管：「很遺憾，我們確實是這樣！」

接下來，我會將員工敬業度理論與相關調查結果結合起來。有了生動的故事，枯燥的理論也能栩栩如生。這樣的結合方式讓客戶能同時從準確的分析與情感共鳴的角度，來了解員工敬業度的情況。

注意：畫底線的部分可以用任何概念代替（如導師制度、人脈、銷售、行銷等）。

總之，如果從強項排到最弱項，我最擅長分析風格，然後才是關係風格，而我最不擅長的是實用風格。要成為高AQ的溝通者，也就是通才溝通者，就是能緊密結合三種風格、產生最大影響力的人。

賈伯斯與蘋果

賈伯斯被認為是現代版的文藝復興人，也是史上最會溝通的人之一。在他的帶領下，蘋果證明了用三種回答風格就可以改變世界。

分析風格

2007年，第一代iPhone在加州舉辦的Macworld大會（Macworld Conference）上市。賈伯斯穿著他招牌的黑色高領毛衣與牛仔褲站在臺上說：

> 我們想要做的是，打造一款超越任何產品，聰明絕頂又超級好用的移動式設備。這個產品就是iPhone。

他說話的時候，一個超大的四象限圖在他頭上若隱若現的閃動。當他放大音量講到重點的時候，身後的iPhone圓圈圖案動了起來。觀眾就像教友聽布道一樣站起身，瘋狂比手畫腳、大聲鼓掌，並拍下這句大膽的說詞：iPhone聰明又好用。

作為一名商管系所教授，我一直有點嫉妒賈伯斯得到的熱情回應。我在課堂上用過很多四象限圖，從來沒有得到過這樣的反應。四象限圖是一種分析工具，可以從兩種層面來剖析事物。從理論上來說，如果蘋果產品既聰明又好用，那麼賈伯斯與蘋果想用iPhone以及其他產品達到什麼成果？蘋果又為什麼存在？

圖7.2 iPhone聰明又好用

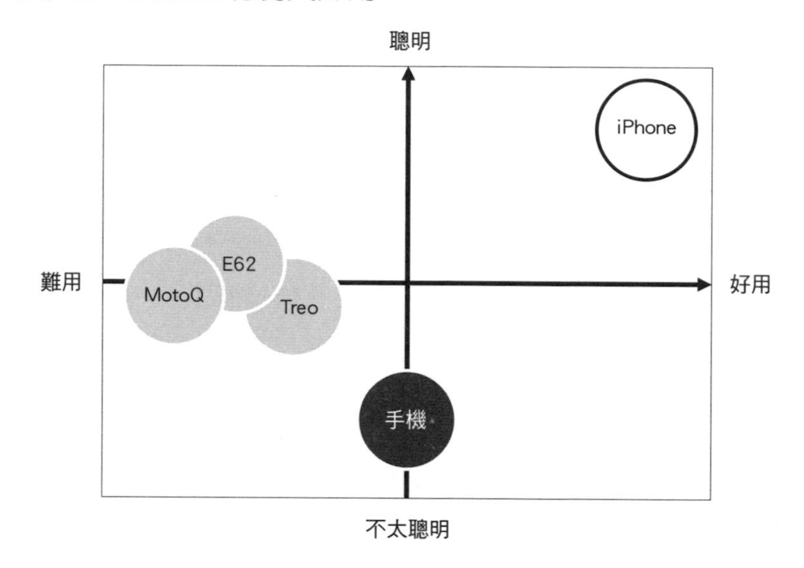

賈伯斯是一股如此強大的地心引力，改變我們對公司目標的想法。大多數公司都在追求利益，或是忠誠度這種看似美好的成果，而蘋果的目標是喜愛。如果iPhone聰明又好用，你會愛上它。《財星》雜誌2008年的一篇文章引述賈伯斯的話：「我們來做一款大家都喜愛的超讚手機。」[1]即便在iPhone最初的產品發布會上，蘋果確實利用四象限圖表現出理論模型，身為商學院教授，我能想像如果賈伯斯再套用因

---

1 https://archive.fortune.com/galleries/2008/fortune/0803/gallery.jobsqna.fortune/index.html.

圖7.3 愛上蘋果產品是因為它聰明又好用

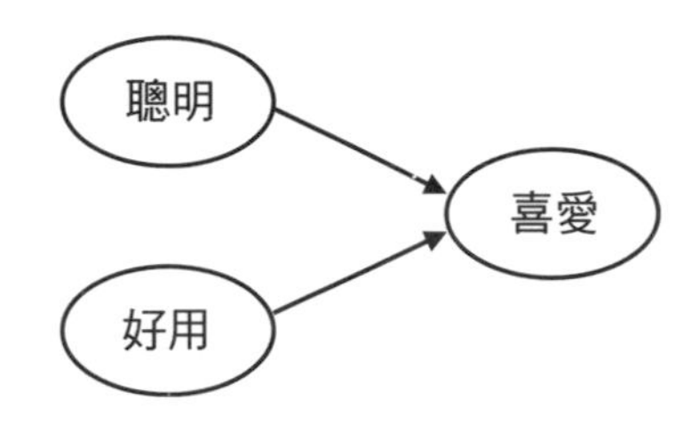

果理論，一定可以創造出第二波焦點高峰。

關係風格

> 蘋果今日推出iTunes，這是全世界最好用的點唱機。
>
> ——蘋果官方新聞稿（2001年1月9日）

iTunes是一個數位的音樂匯集軟體，被當作點唱機介紹給全世界。如果各位讀者當中有人出生於千禧世代或是千禧世代後，容我介紹一下點唱機。點唱機在當年屬於很**聰明**的科技產品（可以儲存整張唱片，像魔術一樣播放每張專輯），而且**很好操作**（只要投入一角美元）。播放音樂時，你簡直**愛**死了。點唱機的說法是用來譬喻iTunes，或是任何蘋果產品，也是用來譬喻蘋果這間公司。蘋果公司既聰明又好懂，你一定會喜歡。點唱機是和搖滾樂有關的經典象徵產品，這種音樂類型在1940年代到1960年代中期廣泛流行。

在這段期間，家用喇叭的技術比不上冷飲店裡的點唱機音質。因此，青少年都蜂擁到冷飲店裡聽最新流行的音樂，這股風潮愈來愈興盛。點唱機（jukebox）的英文源自古拉丁語的「juke」，意思是無秩序、吵鬧、邪惡。點唱機能喚起激情，也喚起愛。關係風格的溝通方式就是用故事與譬喻，來建立個人與情感的聯繫。點唱機的譬喻讓人對iTunes產生個人與情感上的聯繫。此外，2001年10月23日，當賈伯斯首次在臺上介紹iPod（可隨身攜帶的音樂播放器）時，默默延用了這個譬喻。他說iPod是可以把「1000首歌放進口袋」的設備。誰不想在口袋裡裝一台點唱機呢。

實用風格

2001年，蘋果公司宣布要設立25間蘋果商店（Apple Store）。賈伯斯採用實用風格，錄下一段親身體驗蘋果商店的影片。他說：

> 如果你去買電腦的時候，或是買完電腦之後，有什麼問題都可以詢問一個天才，是不是很棒？嗯，這裡就是這種地方。

他坐在一個現代化吧檯桌的木凳上，那就是顧客坐下諮詢店員的地方。他在吧檯桌前拍桌說：「這就是我們的服務，這叫天才酒吧。」怎麼聯繫蘋果？可以來天才酒吧，因為它聰明又好用，你一定會喜歡。

高AQ應用

1. 確認溝通的目標

根據對話的目標，各位可以在任何對話中強調這三種溝通風格。如果目標是要解釋與預測，那就採用分析風格；如果目標是要建立個人與情感的聯繫，那就採用關係風格；如果目標是要執行明確的任務並取得結果，那就採用實用風格。

高AQ實踐法1談的是針對碰到的問題來回答，例如「我該怎麼 ________ ？」屬於「怎麼做」的問題。在此，高AQ實踐法4談的是無論碰到什麼樣的問題（怎麼做、做什麼或為什麼），都要聚焦在和進行中的對話目標最相關的風格上。如果在面試中，你的主要目標是建立個人與情感的聯繫，當面試官提出「怎麼做」的問題時，你不但要針對那些問題回答，還要同時找機會運用故事與譬喻補充說明。此外，隨時間與對話推展，你要強調的風格可能也會改變。在某間公司參加第一次面試時，你可能想要強調關係風格，以便介紹自己，並且展現出自己的特質很適合這間公司與這份工作。但是到了第三次面試時，你要強調的重點可能會改變，變成要確保他們知道你可以勝任這份工作。此時，你可以藉由討論自己會用哪些程序與行動完成工作，來強調實用風格。當然，選用風格的順序會受到很多因素影響。舉例來說，如果求職者應徵的職位不提供正式培訓（求職者第一天就要立刻上手投入工作），那麼求職者可能會想在第一次面試時就強調實用風格，以證明自己有能力完成工作。

在一對多的簡報會議中，目標可能有很多個，建議使用多種回答風格。例如，在蘋果產品發表會上，重點在於分析風格，因此要用前文討論的四象限圖來吸引在場的分析師。不過，賈伯斯也會運用故事與譬喻和現場的聽眾建立情感連結，同時提供關係風格的媒體金句，讓晚間新聞的所有觀眾都能感同身受。

2. 了解自己的風格

我最喜歡的風格是分析風格，其次是關係風格與實用風格。經由自我反思與傾聽他人的意見，各位也可以了解自己的回答風格。知道自己在對話中最常使用哪種風格非常重要。舉例來說，如果你是關係風格的溝通者，強調這個風格可以讓你更能產生共鳴。但是，你或許會做得太過頭。像是當主管一直不斷「再說一個故事」，對部屬而言根本是煎熬。在場所有人的心聲都是：「拜託不要再講故事了。」同樣的，要了解自己的優勢與劣勢，才能利用優勢來彌補劣勢。

3. 了解其他人的風格

所有對話都攸關各位與其他人。所以，了解他人的溝通風格就像了解自己的風格一樣重要。必須了解對方的偏好、強項與弱點，才能有效溝通。有一次我向一群工程師進行AQ簡報，我推測他們偏好分析風格，因此便在簡報裡加入比平時更多的分析風格投影片，簡報也達成目標。依照課堂上的經驗，我發現大多數學生更喜歡實用風格。如果聽眾的身分很多元，比如公司全體員工參與的簡報會議，那麼可以預想聽眾對於回答風格的偏好，以及對目標的認知將各有不同，所以比較恰當的做法是結合三種風格來回答。了解其他人偏好的風格不只限於個人，甚至可以擴大到了解整個組織的風格。舉例來說，哈拉斯賭場（Harrah's Casino）的時任執行長加里・拉夫曼（Gary Loveman）曾表示，在三種情況下員工會遭到解雇：「偷竊、騷擾女性，或是沒有事先做測試就執行專案或政策。」[2]他提到了測試，這就屬於分析風格。當然，另一間公司的標準風格可能是關係風格，誰能提出更優秀的故事或譬喻，誰就贏了。提到注重關係風格的公司，我馬上就想到迪士尼（Disney），畢竟他們是故事的創造者，而且故事也在他們的電影、遊樂園與整個品牌組合（brand portfolio）中扮演重要的角色。最後，有些公司可能會全體都走實用風格，例如豐田汽車（Toyota）。豐田模式就是採用一套原則，針對程序與行動持續改進、避免浪費。

> 高爾夫球賽是在僅有五英寸的球道上進行，也就是雙耳之間的距離。
>
> ——鮑比・瓊斯（Bobby Jones）

4. 團隊合作

世界上最優秀的高爾夫球教練都很會利用三種答案風格來溝通。但是，即便是他們，也要和其他人合作來提高溝通效率。舉例來說，我採訪的一位頂尖高爾夫球教練提到，他被稱為「高爾夫球界的物理學家」，這就和分析風格有關。然而，這位教練也表示自己不是心理學的專家，所以需

2 Pfeffer & Sutton, 2006, p. 15.

要尋求運動心理學家的協助。這麼看來，特定的專業知識與溝通可能會交互影響，因此缺乏某個專業知識的話，溝通團隊就要有其他人來補足。另一個例子是，溝通團隊在銷售上會很有成效。如果要銷售軟體給企業，也就是在複雜性銷售的狀況下，業務人員可能非常擅長找出買賣雙方企業的共識（和分析風格相關），也可以很自然的講述故事（和關係風格相關）。然而，電腦科學家可能才是最有能力展示產品，並且詳細討論產品特性與功能的人。因此，和客戶開會時，業務員與工程師都要出席，才能涵蓋三種所有的溝通方式。

08
高答商練習5：依據情境回答

情境、情境、情境。

——格里布考斯基

環狀圖上的六種重點答案都是根據情境而定，而情境有幾種形式：（1）對答案的客觀（理論、概念、程序）與主觀（故事、譬喻、行動）偏好；（2）情境中的常規慣例正是最直接的觀點，顯示出時間（什麼時候）與地點（在哪裡）對每一種答案都會產生影響；（3）情境對每一種答案風格（分析風格、關係風格、實用風格）的特殊影響；（4）答案就是情境，也就是對話中著重的六種答案類型，也取決、受限於情境中這六種答案類型的特質。

房仲銷售房子的箴言是「地點、地點、地點」，這句話強調「在哪裡」的重要性。美國爵士樂演奏家邁爾士・戴維斯（Miles Davis）曾經說過：「時間不是最重要的事，而是唯一的事。」這句話強調「什麼時候」的重要性，可以想像他吹奏的小號，在完美的時間點劃破爵士樂團精心編排所空出的寂靜。我們和購屋的人或音樂會的觀眾一樣，都知道時間、地點很重要。

在第2章，我們從觀看世界的主觀與客觀角度談到情境（什麼時候／在哪裡），而在第5章〈高AQ實踐法2：回答兩次〉，則進一步探討主觀與客觀的差異，鼓勵大家在遇到重要的「做什麼」、「為什麼」、「怎麼做」的問題時回答兩次，以便同時吸引左腦與右腦的注意力。我們的左腦更喜歡

圖8.1　六種答案都必須依據情境（什麼時候、在哪裡）進行調整

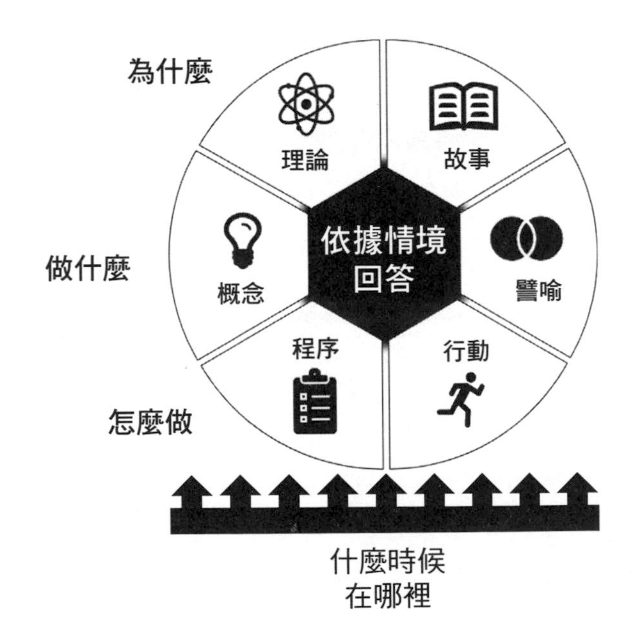

用理論、概念與程序敘述的答案；右腦則是主觀、有創意與隨興的那一邊，因此更偏好以故事、譬喻與行動說明的答案。

本章會從其他角度來探討情境。我會慢慢構築AQ與情境更根本的關係。首先，情境的意義已經擴展到一個無庸置疑的前提，也就是情境指的是時間（什麼時候）與地點（在哪裡）。如同在面試時如果想要得到這份工作，大家都會同意，求職者的每一個答案都必須符合一般面試的時間與地點情境。舉例來說，在哪一間公司（在哪裡）面試會如何影響求職者的答案？或者，時間（例如哪一年、哪一個月、哪一天）又會如何影響求職者的答案？當時是否處於經濟衰退時期，這間公司是否才剛被競爭對手挖走兩名員工？從這些角度來看，深植於對話情境（時間與地點）當中的答案，正是直接指明答案的觀點。

其次，在三種答案風格（分析風格、關係風格與實用風格）當中，情境的影響會各自有更詳細的論述。第三點，最根本的是，一般認為情境即時間與地點，但這種想法應該換成情境即答案（故事、譬喻、理論、概念、程序、行動）。各位可能會聯想到電影《變腦》（*Being John Malkovich*）裡，演員約翰・馬克維奇（John Malkovich）扮演自己，他坐在一家餐廳裡，身旁圍繞著其他客人與餐廳員工，但他們全都是約翰・馬克維奇。這個場景諷刺暗喻我們無法逃離自己。同樣的，只有透過更廣泛情境的答案才能解釋某個答案。舉例來說，面試中最棒的故事之所以「最棒」，是出於不可避免的比較結果，比較對象是其他求職者給出故事性比較差的答案。本章會概括在特定情境下，高AQ的表現是什麼。

一般認為的情境：時間與地點

情境有一個很重要又不言而喻的層面是，大家普遍認為情境指的是時間（什麼時候）與地點（在哪裡）。而且，我想沒有人會反對一般認為的情境，也就是時間與地點，對回答而言很重要。各位請想像一下，你正在伊利諾州芝加哥市的ABC軟體公司面試。你已經從大廳被帶到面試間，正等待面試官進門。你研究過這間公司，知道他們有員工流動率過高的問題。你深吸一口氣，此時面試官進來了。面試開始後，面試官提出一些尖銳的問題：「我們為什麼要錄取你？」你做過功課，堅定的拿出自己最好的員工流動理論，並且提出之前擔任主管時降低員工流動率的故事（你回答兩次；參見第5章〈高AQ實踐法2〉。再想像另一個情境，這間公司的員工績效有問題。還是沒問題，你做過功課，堅定的拿出最好的績效理論，並且提出之前擔任主管時提高員工績效的故事。從這個面試的例子可以看出，任何一場面試的情境都不一樣。面對競爭力高、粥少僧多的職位，如果想要被錄取，六種答案都必須和這間公司以及其他相關情境有關（例如，特定的面試官、失業率等總體的經濟因素）。至少對我來說，而我相信各位都會同意，所有重要對話都必須調整答案，並且反映出特定的面試情境（時間與地點），才能達到最大的效益，這是情境不言而喻的意涵。

情境對答案風格的影響

以下是針對情境更加抽絲剝繭的分析，可以看出情境對三種答案風格都有不同影響。

分析風格情境

分析風格的情境代表情境對理論與概念答案有所影響。分析風格的情境在社會科學裡有幾個含義。首先，情境很重要，因為情境中的統計學變數會改變研究中和理論與概念相關的意義。讓我解釋一下，身為一名研究人員與顧問，我為客戶寫過數十份分析報告，每一份都是透過研究調查來檢視理論與概念。在每一份報告中，研究結果都必須根據一張標準細項清單（例如，在公司內的階層、國家／地區、部門、職能、年資）來回報。每一個細項都可能呈現出組織內部的顯著統計差異，也凸顯這些差異和研究著重的理論關係。舉例來說，一間跨國食品製造公司在某個國家的員工敬業度很低，而根據統計，員工敬業度和工作績效與員工滿意度有關（對公司很重要的兩項成果）。不出所料，在之後的員工培訓中，他們都會加強員工敬業度（概念答案）。

其次，當我向這間公司回報結果，並且指出某個細項出現統計上的異常情況時（例如，某個國家的員工敬業度低落），這就會成為推測實質理論與概念的機會（並且可能繼續進行後續研究）。舉例來說，也許員工敬業度低落是因為這個國家／地區的主管控管的範圍比較廣（主管要管理的部屬更多），所以能給予的支援比較少（主管支持→員工投入度；理論答案）。這麼看來，區隔變數（例如，國家／地區）經常會成為實質變數（例如，主管支持）的代理變數。了解情境之後，公司可以更明白理論背後的意義，而這些意義是先前隱藏未知的層面；或者，公司也可以透過情境，來指明理論要強調的部分。

專欄8.1　進一步探討情境在統計上的影響

從統計上看，情境可能會在幾個面向上改變意義。(1) 不同細項的平均值變化：低於或高於平均值代表優勢或劣勢（如前文員工敬業度的例子）。(2) 不同細項的數值分布變化：某個項目數值分布的範圍愈廣，代表改進的機會愈大。舉例來說，如果員工忠誠度的數值範圍很廣，可能表示敬業度低的人會效仿或學習敬業度高的人。(3) 不同細項變數的關係強度變化。舉例來說，在不同情境的不同變數當中，員工敬業度與績效之間的相關性可能出現顯著的統計差異。在員工甄選的研究中，外向性格（性格變數）與工作績效的相關性在銷售職位更高，高過非銷售職位。如果相關性在某種情境下更高，高於在另一種情境下，這表示在前者的情境下，這些關聯更重要。(4) 關鍵轉折點：舉例來說，當女性董事的人數達到三人以上的關鍵多數時，女性對公司董事會的影響便會出現變化。* 上述四項和情境有關的統計影響僅列出幾項來說明，實際上的影響並不只有這些。

* Konrad, A. M., Kramer, V., & Urkut, S. (2008). Critical mass: The impact of three or more women on corporate boards. Organizational Dynamics, 37, 145–164

第三，除了檢視區隔變數之外，還可以直接將情境中的實質變數納入理論。這個做法稱為「多層次理論」（multilevel theory）。舉例來說，在美國的12年國教中，重點在於教學品質。相關理論可以簡化為：教學→學生學習。然而，教育研究中有一個關於情境的干擾因素，那就是社會經濟地位。較富裕的家庭可以提供情感、身體、經濟與科技的上支持，讓學生做好學習準備。舉例來說，當學生在新冠肺炎全球大流行期間轉為遠距上課時，富裕社區中僅有五分之一的學區出現「嚴重」缺乏科技支援的問題，相較之下，學生來自低收入家庭比例最高的學區中，則有三分之二的學區出現同樣的問題。[1]換句話說，來自貧困社區的學生是否能夠不受普遍的窮困所影響而繼續學習？貧困社區教師的工作績效是否更勝富裕社區的教師？在多層次研究中，可以透過階層線性模式（hierarchical linear modeling）這樣的先進技術，劃分出多層次分析的變化以及情境的影響，藉以從統計的角度檢視社會經濟地位。總結而言，多層次理論垂直擴展概念與理論答案，以便將這些變數納入情境中。

---

1 https://www.ed-week.org/ew/articles/2020/04/10/the-disparities-in-remote-learning-under-coronavirus.html.

關係風格情境

我們是藉由故事與譬喻的情境來進行意義建構，將經驗轉換成意義。經驗本來就沒有經過整合、模糊不清，而且多得難以計數。從原始經驗的混沌當中，某些事件或經驗會特別突出，並且成為我們進行意義建構的焦點。在意義建構的幾個層面當中，特別是「可信度」與「身分認同」這兩種層面，將決定當事人是否相信故事與譬喻，以及是否能產生共鳴[2]。

可信度指的是故事或譬喻是否符合日常經驗、包含更多數據，以及能不能禁得起挑剔質疑。舉例來說，如果每一季的銷售業績都意外下降50%，那麼銷售部門的主管對基層人員提出的樂觀說法可能缺乏可信度。沒有一張明確的經驗清單可以用來對故事或譬喻的可信度進行壓力測試。更複雜的是，每一個群體對可信度的認知也各有不同，例如員工與主管因為經驗不同，以及對相同經驗中著重的角度不同，所以對可信度的認知也不同。有一項研究針對不同文化情境下對可信度的認知，結果發現當故事和組織氛圍一致、有數據支持、可推動進行中的專案、減少疏離感、增進準確性，並

---

2 Weick, Sutcliffe, & Obstfeld, 2005.

且讓人覺得未來令人期待時，故事便會更加可信。[3]可信度也和人性的法則有關，而這又和理論有關。好萊塢最佳編劇暨著名編劇教練羅伯特・麥基指出，所有類型的電影都必須符合人性的法則（例如，理解電影中出現的所有概念，如貪婪、動機、領導力等），否則電影會因為不可信而遭到拒絕。[4]有趣的是，依照麥基的說法，可信度是科幻電影最重要的條件，因為和科幻（例如外星人、超能力、異世界等）有關的不同世界樣貌，都需要有人性的法則灌輸在外星人與人類身上，才能貼近現實。最重要的是，只要有人認為：「這滿合理的」，那麼故事就具有可信度。

為了近一步說明可信度，各位可以想想下列關於改變的譬喻，我曾經在課堂上和學生分享這個譬喻。我告訴他們，改變就像一個人站在一座由原木與繩索搭建的橋梁正中央，下方有一個很深的大洞。這個人冥頑不靈，就算橋著火了，他也會繼續待在橋上。唯有當繩索燒斷的時候，這個人才會**開始思考**要怎麼離開這座著火的橋梁。我問學生這個譬喻是否和他們的經驗一致，並且請認同的學生舉手。在每一堂課上，幾乎所有學生都會舉手，然後他們多半會分享討厭改變的經驗。但是，偶爾也會有學生否定這個譬喻，因為這

3　Mills, 2003.

4　McKee, 1997.

和他們的經驗不符。舉例來說，很多學生都會利用蓋洛普（Gallup）提供的優勢測驗（Clifton StrengthsFinder）。在這項測驗與類似測驗中，改變的前提是：改變是建立在優勢之上，或是能察覺機會才會改變；這個觀點非常不同，因為課堂上的故事是將改變視為解決問題的方法，而問題被譬喻為著火的斷橋。如果從蓋洛普測驗這種對改變抱持正向經驗的角度來看，著火斷橋的譬喻可能就會被認為不可信。

建構意義的第二個層面是身分認同。我們是以符合自己身分認同的方式來理解經驗。[5]敘事認同是很主流的研究觀點，探索個人如何透過故事來理解自己。簡單來說，我們會藉由自己的身分認同來理解所有故事。舉例來說，需要權力的人傾向愛講以自己為主的故事，這些故事的主題可能著重在自我主宰（self mastery）、地位與豐功偉業、成就與責任，以及賦權等。[6]如果各位曾經參加過部門之間相互競爭的預算會議就知道，必然有贏家與輸家，所以現場氣氛火藥味十足，並且會不斷強調和身分認同相符的故事。某部門的某個人會講一個符合他們部門身分認同的故事，來顯示自己比其他部門優越，藉以證明他們的部門需要更多預算。然而，相較之下，其他部門的人通常不會被這個故事影響，因

5 Coopey, Keegan, & Emler, 1997.

6 McAdams, 2008.

為他們來自不同部門，有不同的身分認同。依此類推，大家交換故事，但是經過身分認同的過濾，讓這些故事無法影響任何一個部門。譬喻與故事一樣，都需要聽眾有相同的身分認同才能了解。舉例來說，在針對創業進行的研究中，創業者經常將自己視為英雄，因此他們喜歡用戰士、超人、探險家與鬥士等譬喻。[7]

實用風格情境

實用風格情境代表情境對程序與行動的影響。管理品質的方法有很多，例如全面品質管理（Total Quality Management，簡稱TQM）、六標準差（Six Sigma）、企業流程再造（Business Process Reengineering，簡稱BPR），但這些方法都著重在三個領域，也就是人、科技、流程。[8]這三個領域代表AQ中執行程序與行動的情境。人的情境著重在人的行為，例如持續改進、團隊合作、賦權、高階管理階層的決心、民主管理、滿意度，以及文化變革等。[9]這些項目和AQ中的理論重疊，而理論強調的便是人的理論。科技的情境代表科技幫助我們完成工作的角色。舉例來說，隨著

7 Down & Warren, 2008.

8 https://asq.org/quality- resources/quality-4-0.

9 Psychogios & Priporas, 2007.

視訊會議技術出現，虛擬會議（行動）成真，然而在此之前我們只能親自見面開會，或是透過語音開會。最後，流程的情境是關於員工、團隊或整個組織如何完成工作。舉例來說，如果行銷人員是依照功能結構（functional structure）分工，就表示所有行銷人員會集中資源完成專案。相對的，如果行銷人員是以事業部門結構（divisional structure）分工，則行銷資源會分配給不同的部門，各部門都會有具備相同功能的資源。功能結構與事業部門結構便是行銷人員的工作情境。如果依照功能結構分工，行銷人員會執行特定的專業工作；而如果依照事業部門結構分工，員工則要更加全能。

答案就是情境

> 它（這個地點）不在任何一張地圖上；真實的地方從來不會出現在地圖上。
>
> ——赫爾曼・梅爾維爾（Herman Melville）

通常大家認為情境，也就是什麼時候、在哪裡，所指的是時間與地點。然而，真正的情境代表的是和形成對話的知識（如想法、信念與行為）相關的時間與地點。本章前文提到的情境是2020年（什麼時候）的ABC軟體公司（在哪裡）。然而，真正的情境是特定的員工流動率或績效問題的背景知識，引出面試時提供的特定理論與故事。在AQ的領域中，情境是由各種背景答案組成，並且形成面試中的對話。換句話說，員工流動率問題可能是求才企業中流傳的警示故事（故事答案），或者，也可能是有憑有據的內部文件，羅列各種和員工流動率有關的統計數據（理論答案）。

在前一節中，我們討論到社會科學、個人經驗以及品質管理，各自將對分析風格情境、關係風格情境以及實用風格情境造成影響。如果要討論情境因素，答案可能多得難以計數，而且很快就會讓人頭昏腦脹。幸好，有一個方法可以掌握情境，就是從六種答案的角度來思考，也就是我們討論過那相同的六種答案：理論、概念、故事、譬喻、程序、行動。特定對話中的答案就存在於情境中的答案。舉例來說，在討論領導力的對話中（導師與學員的對話），學員會把導師分享的某一個領導力故事，和他知道的領導力故事相互比較。領導理論的例子如僕人式領導，會被拿來和路徑－目標理論等其他理論（在同樣場景下）相互比較。依此類推，對話中的六個答案（對話答案），也可以拿來和情境中的答案（情境答案）相互比較。

對話中的答案可能會與情境中的答案對稱。所謂對稱，指的是對話中的答案與情境中的答案類型相同（例如，理論—理論）。在上一個段落的例子中，所有答案都是對稱的。例如，僕人式領導（對話答案）是和路徑－目標理論（情境答案）相互對比。此外，對話中的答案可能和情境中的答案不對稱。所謂不對稱，指的是對話中的答案與情境中的答案類型不同（例如，理論—故事）。延伸先前導師與學員的例子，學員可以檢視導師在對話中提出的僕人式領導，拿來和有關自己身分認同的重要個人領導故事相互比較。也許僕人式領導會引起學員的共鳴，因為他的故事主題和僕人式領導的道理很類似。因此，情境中的六種答案類型當中的任何一種，都會影響到對話中的六種答案類型。在所有對話中，重要的是找出最有可能中斷對話答案的情境答案。舉例來說，課堂上的某個學生可能對僕人式領導有強烈的信念。這個理論就會變成情境，可能影響我在課堂上詮釋領導力時所使用的六種答案。如果我用的領導力譬喻和學生對領導理論的認知不一致，可能就會被否定。如果我沒有考慮到顯著的答案情境（例如，僕人式領導），那麼任何一種對話中的答案類型都可能會被否定。

高AQ應用

1. 常規的情境很重要（大家都同意吧？）

從本章的面試案例可以看出，六個面試答案都存在情境當中，即什麼時候（時間）、在哪裡（地點）。在這個例子中，「在哪裡」指的是在伊利諾州芝加哥市的一間公司ABC軟體公司，而「什麼時候」則是指2020年。不同的年度將會影響面試，而且影響的因素數都數不清（像是勞動力市場是否面臨短缺、需求的技能、薪資水平）。高AQ的人在給出六種答案類型時，會考慮到情境，也就是時間與地點。這一點符合一般人對情境的普遍直接理解。

2. 情境分為分析、關係與實用風格

在第7章裡，我們概述三種答案風格，每一種風格都有不同目的。分析風格的目的是要解釋與預測，關係風格是為了建立個人聯繫，而實用風格則是把事情做好。為了呼應這些目的，每一種答案風格都具備獨特的情境可以帶來影響力，以便達到每一種答案背後的目的。理論與概念會受到分析風格情境所影響，而這個情境又是經由社會科學、以及統計與多層次理論的影響所形成。故事與譬喻會受到關係風格情境影響，而這個情境是奠基於個人經驗與意義建構。最

後，程序與行動則受到實用風格情境影響，這個情境是經由品質管理所形成，也就是著重在能夠完成工作的人、科技與流程上。擁有高AQ的人能夠理解分析、關係與實踐風格情境的微妙之處，並且予以回應。

3. 答案就是情境

雖然情境表達什麼時候、在哪裡，所以總是非常直截了當（參考應用第一項），但是根據情境造成的影響有所不同，情境也可能變得曖昧不明。如同海明威說：「真實的地方從來不會出現在地圖上。」因此，在哪裡（以及什麼時候）只是情境中實質變數的代理變數。如果單獨只看時間與地點（參考應用第一項），無法引導我們辨識出實質變數。從應用的第二項來看，分析風格、關係風格與實用風格的情境蘊含豐富的資訊，但是每一種情境帶來的影響可能會變得很複雜，難以運用在日常生活中。

「答案就是情境」指的是每一種答案類型都會反映在情境上，如同應用第二項提到的狀況。舉例來說，（應用第二項中的）關係風格情境的意義在於，每個人都會根據個人經驗來詮釋故事與譬喻。重要的個人故事屬於個人，這種故事稱為自傳式敘述（autobiographical narrative），可以用來理解一個人生命中的重大事件，或者甚至是整個人生。[10]因此，情境中的個人故事可以用來詮釋任何對話。情境中的六種答案當中的任何一種，都是對稱反映在對話中（例如理論—理論）。除此之外，情境中的任何一種答案類型，都可能不對稱的影響到對話中的答案（例如，故事—理論）。舉例來說，我作為一名顧問了解到的是，我必須知道專案中關鍵利害關係人的個人故事，這是情境基礎，而且這些故事通常會影響到我和客戶討論到的對話答案。舉例來說，如果對話中討論的理論，和客戶在情境中的個人敘事當中堅定信任的理念背道而馳，他們通常就會無法接受。

高AQ的人能夠理解情境中的六種答案，也知道哪些答案會對主要對話造成最大影響。

4. 強情境與弱情境

社會科學中有強情境與弱情境的區分。[11]強情境就像紅燈，每一個人都要做一樣的事（例如，停下來）。相反的，弱情境就像黃燈，比較沒有明確的行為準則；謹慎的人可能會停下來，敢衝的人可能會加速通過黃燈。相當類似的是，情境可能會因為潛在的答案範圍而有所不同。舉例來說，當

10 McAdams, 2008.

11 Mischel, 1977.

公司的銷售部門與供應商一起採用新的客戶關係管理軟體，但他們沒有使用過這種軟體。在這種情況下，他們很可能會採用供應商推薦的任何一套程序（例如，工作流程自動化以便在銷售管道中找到潛在客戶）。然而，如果銷售部門在操作客戶關係管理軟體上有豐富的經驗，那麼他們可能拒絕採用新的程序，因為他們希望新軟體的程序能和他們熟悉又有效的程序一致。

具備高AQ的人能夠辨認出影響主要答案的強弱情境，並且了解什麼時候、在哪裡能夠給出範圍更大的答案。

5. 間接與直接情境

情境就像房子裡的間接與直接照明。間接照明是用來照亮更廣的區域，光源會均勻和諧的打在各個物品上創造出氛圍。舉例來說，兒童房會用大吸頂燈當作間接照明，相較之下，直接照明則是用來照亮特定物體。一盞小型的桌上檯燈就屬於直接照明，可以讓小朋友寫作業的時候使用。

AQ情境就像間接與直接照明，用來照亮主要的物體。在AQ的領域中，主要的物體是六種答案（故事、譬喻、理論、概念、程序、行動）。間接照明照亮更廣的範圍，就像是包含更多AQ答案。因此，情境中針對答案的主觀或客觀角度就像是一種間接照明。客觀的角度代表對下列三種答案的偏好：理論、概念與程序。主觀的角度則代表對下列三種答案的偏好：故事、譬喻與行動。而本章介紹的另一種間接照明，能夠比客觀與主觀角度帶來更大的影響，那就是常規的情境，也就是簡單的點明情境就是什麼時候、在哪裡（時間與地點），這不只是很重要，而且大家都有共識。舉例來說，面試的時候，如果徵才的公司（在哪裡／地點）有員工流動率過高的問題，那麼能夠根據這個情境提出六種答案的求職者，更有可能獲得這份工作。情境的回答風格（分析風格、關係風格、實用風格）就像是提供更直接的照明。這些光源更直接，因為每一種風格都是根據情境，同時打在兩種答案類型上。最後，將答案視為情境就是最直接的照明，因為情境中的任何答案（如故事）都可以影響主要答案（故事、譬喻、理論、概念、程序、行動）。

為了取得適當的光源，就應該同時使用間接與直接照明。同理，為了提高AQ，回答問題時，間接與直接情境都應該納入考量。

09
高AQ的行為與認知指標

這是本書第2部的最後一章。直到現在，重點一直放在五個高AQ實踐法上。我認為這五個高AQ實踐法代表的是高品質的答案與溝通技巧。舉例來說，當溝通者能夠針對三個主要問題（做什麼、為什麼、怎麼做）提出兩個有效的答案，就代表高AQ實踐法2〈回答兩次〉發揮效果了。以此類推，五種高AQ實踐法都可以這樣進行自我參照（self reference）。事實上，這五個高AQ實踐法是研究世界頂尖高爾夫球教練所得到的結果，因此在專業溝通技巧領域很有價值。

而且，將高AQ的討論延伸到學術研究之外再自然不過。作為討論高AQ的基礎，我在本章採用普渡大學（Purdue University）溝通研究學者約翰・葛瑞恩博士（John O. Greene）開發的溝通的「認知與行為指標」。[1]這些溝通技巧的認知與行為指標可以應用在高AQ實踐法當中，作為

1 Greene, 2003.

評估溝通者是否具備高AQ的外在獨立標準。

高AQ的行為指標

從五個高AQ實踐法可以看出，高AQ有四種行為指標，以下將進一步說明與討論。

準確性

溝通技巧卓越的人行事更準確。專家不會犯太多錯誤。我與同事採訪的一位高爾夫球教練曾經教導過許多位名列《高爾夫文摘》前100名與《高爾夫雜誌》前50名的優秀教練，可謂專家中的專家。即使在訪談過程中也能看出，他十分擅長使用譬喻。我們問他能不能對高爾夫球場上的每一位學生都使用正確的譬喻。他回答：「可以！」甚至還補充說，如果他用錯譬喻（但這不太可能），就會再用另一個譬喻來說明重點。各位請想一想，如果和每個人溝通時都舉出正確的譬喻，會是什麼狀況。

五個高AQ實踐法都有標準，也需要達到一定的準確性。舉例來說，提供最佳答案（高AQ實踐法1）的第一步是瞄準簡單但能提供說明的目標，也就是說，你能講出六種答案嗎？身為教授，我會用高AQ實踐法1來備課。如果今天的主題是談判，我會準備和主題有關的六種答案讓學生在課堂上討論。舉例來說，整合式談判是很重要的理論。身為教授，我一直很強調理論。實踐法1可以讓我延伸答案、避開盲點，並且致力於提供更全面的理解。我會分享某個學生用整合式談判找到工作的故事。當學生開始感到好奇，我再接著討論整合式談判的程序與行動。這樣下來，我就能確切的定義整合式談判（概念答案）並且舉出譬喻。在針對討論主題備課時，我都會想好六種答案。如此一來，我就已經準備好提供準確的答案了。

速度

速度與技巧有關。在你最喜歡的那間海鮮餐廳，開生蠔技巧最好的服務生，就是開得最快的那一位；在律師事務所，最資深的合夥人工作效率最好（雖然他們的時薪也比較高）。我們採訪的一位頂尖高爾夫球教練誇口說，他能在第一節課的五分鐘內讓學生學到東西，並且徹底改變揮桿的方式。這些具備高AQ的人有能力把事情做得更快。

專家能做得更快有下列兩個原因。首先，專家擁有更豐富的知識基礎可以運用，所以可以更輕易選出最好或最適合的應對方式。其次，專家更有效率。他們知道要用哪一種方法完成事情最好、懂得避免沒有用的任務，並且簡化工作、提高速度。

由於對話時間有限，速度也很重要。舉例來說，電梯簡報就是快速介紹一個構想、一種產品或一間公司的方法。顧名思義，電梯簡報是從一樓開始，直到簡報對象到達目的地樓層時結束。也就是說，電梯簡報和故事的關聯性最高。要得到對方的支持，速度也很重要。在電影裡，場景變化很快，於是你受到主題的吸引，隨著重要人物發展或情節轉折而繼續看下去。在現實世界的對話中，如果答案進展得太慢，氣勢就會消失，自然難以獲得對方的理解或支持。針對同一個問題一次提供好幾種答案的時候，速度的掌握尤其重要。請想像一下，如果面試官問：「我為什麼要錄取你？」而求職者意識到這是個重要的問題，便可能會「回答兩次」來提供理論與故事的答案（高AQ實踐法2）。比起只給一個答案，求職者需要更多時間來提供兩種答案。因此要特別注意回答的速度，才不會讓面試官覺得對話來回的節奏被打亂了。如果回答得太慢，又加上回答過於冗長，可能會讓對話變成求職者漫無邊際的自言自語，完全稱不上是對話。運用好幾個答案來回答一個問題也和「補充說明」有關（高AQ實踐法3）。要回答「我為什麼要錄取你？」這個問題時，求職者可能會想要提供理論（主要答案），再用兩個鄰近答案（概念與故事）作為補充說明。如果要在主要答案之外再加一、兩個相鄰答案，速度就更重要了。

靈活

專家通常比較靈活。和高AQ相關的適應能力之一，就是學習抽象知識結構的能力。從AQ環狀圖的底部到最上方，答案類型就愈來愈抽象。在環狀圖底部的程序與行動，和程序型知識有關；接著在中間的概念與譬喻，和闡述型知識有關；最後在最上方的理論與譬喻，則是和結構型知識有關。知識愈抽象，答案可能會愈靈活。舉例來說，ABC公司的業務員通常會給客戶折扣來爭取訂單。但是想像一下，如果新的競爭對手進入市場，並且提供更多優惠折扣，那麼ABC公司的折扣就沒有效果了。為了保持靈活的行動（提出新的銷售策略），業務員需要具備新的知識概念，才能在銷售過程中運用。相較於把重點放在低成本，業務員也許會強調效能（不同的概念），或是採取新的銷售策略（行動）來展現產品的效能。同樣的，概念與理論是一組的。可以想見，效能是一個很好的概念，值得業務員把重心放在這裡，因為以價值理論來說，效能和業務員重視的結果關係緊密（效能→客戶成功；理論答案）。如果效能確實對幫助客戶成功很重要，那麼找出和效能有關的行動便相當合理。

在提供補充說明的強情境中（高AQ實踐法3；參見第6章），我認為專業能力便是將某個答案翻譯成其他答案的能力。舉例來說，也就是講完故事後，還能再把這個故事轉譯成譬喻、理論、概念、程序或行動。像這樣靈巧運用答案能促進對話交流。故事本身，或是任何一種答案，便成為其他答案的參考基礎。舉例來說，用故事帶出行動後，當對話重點放在後續的行動時，故事就可以作為這個動作的情境脈絡，解釋起來會更好理解。

回答風格也可以很靈活（高AQ實踐法4；參見第7章）。當對話開始，可能會發現對方明顯是主導型的談判風格。不過也許對方屬於分析型，偏好理論與概念。這時靈活的溝通者便會切換成對方的分析風格，開始在對話中加入理論與概念，掌握機會表現自己。此外，主要溝通者想展想靈活性，也可以透過察覺自己傾向主導型的談判風格，像是實用風格，並且提出其他回答風格（分析風格與關係風格），以此平衡對話。

除此之外，依據情境回答（高AQ實踐法5；參見第8章）也需要靈活性。隨著情境變化（從公司的員工流動率有問題到公司的員工績效有問題），如果求職者想得到這份工作，就必須改變六種答案的回答方式。

最後，隨著談話重點改變，高AQ的人將展現出靈活性。在職場上，對話可能會圍繞著工作績效（工作績效AQ）打轉，而提供六種答案的能力就很重要（高AQ實踐法1）很重要。沿著走廊繼續走下去的時候，話題可能會變成導師制度（導師制度AQ）。而回到家裡，當孩子正在做功課的時候，則可能出現關於學習（學習AQ）的對話。在這三種對話中，高AQ的人可以跨主題運用高AQ實踐法1～5以求有效溝通。舉例來說，擁有高AQ的人能夠意識到，「為什麼」的問題要用理論與／或故事來回答。於是，這些知識就變成彙整原則，可以不斷整合知識（例如，故事集），並且掌握任何對話。因此，AQ是一種任何人都適用，不論任何話題都可以改善溝通的技能。

多工表現

你可以一邊走路一邊嚼口香糖，也把它視為理所當然。熟練度的特徵就是有能力同時流暢的做很多事情。舉例來說，職業籃球選手可能會分別練習不同的技能，像是投籃、搶籃板、傳球、運球，但是一旦開始比賽，就要同時使用這些技能；像是當球碰到籃板彈開後，搶到籃板球的人將球扣進籃框裡（同時搶籃板與投籃）；或是在一連串連續動作中，從防守無縫轉換成進攻的快攻策略。這種多工表現是高AQ的特徵，因為高AQ實踐法就是在對話展開時可以快速不間斷應對。此外，不同的高AQ實踐法也可能同時出現。舉例來說，高AQ實踐法1可以判斷出「為什麼」的問題要由理論來回答。與此同時，由於理論需要反映情境（也許是產業、經驗或是其他和情境有關的要素），所以也需要依據情境回答（高AQ實踐法5）。

高AQ的認知指標

下列兩種高AQ的認知指標都可以從五種高AQ實踐法中看到。關於高AQ認知指標的說明討論如下。

認知努力

專業能力和花費比較少認知努力有關。我們的大腦很厲害，但是容量有限。如果事情很費力，大腦就會變得緊繃、停滯。透過增加練習（五個高AQ實踐法）、對AQ的知識以及溝通主題的了解，便可以讓對話不那麼費力。舉例來說，如果積極找工作的人知道這件事，在經過好幾場面試後，隨著他愈來愈熟悉求才企業提出的問題以及自己的回答，之後的面試也會愈來愈輕鬆。AQ也是如此，因為AQ就是五個高AQ實踐法的框架，練習愈多、經驗愈多，對話就會變得愈省力。

行為的知覺經驗

專家並不知道自己運用的知識結構（闡述型、程序型、結構型）。隨著他們的技巧增加，便能夠自動判斷、吸取資訊與程序。所謂的「自動」，指的是「任務自動化」。例如在執行騎腳踏車這項任務時，一開始我們會謹慎的思考兩隻腳的動作，並且用力踩踏板，也許還會在腦中默念「左、右、左、右」。但是，正如哲學家約翰・塞爾（John Searle）在1969年提過：「一旦學會騎腳踏車，你就再也不會用第一次騎車的方式來騎車了。」也就是說，一旦學會騎腳踏車，這項任務的流程就會自動進行。同樣的，五種高AQ實踐法也可以自動進行。在進行AQ研究初期，我們訪問世界級頂尖高爾夫球教練的時候，我們把AQ環狀圖拿給他們確認。理所當然，高爾夫球教練最初並不知道自己提供了六種答案。但是，了解這種溝通模型後，他們都認同這個模型的確符合他們提供答案的能力。總而言之，隨著我們對五種高AQ實踐法愈來愈熟練，這些技巧就會變得更自然內化，甚至變成第二天性，在一般對話時也能夠下意識的運用它們。

第 3 部
AQ 對話

AQ是一種可以裝東西的容器。就像可以裝液體的容器，AQ包括五種適用於任何對話的高AQ實踐法。本書第三部將檢視幾種AQ對話，分別展現不同主題之下如何用AQ的角度來分析。確切的說，下列對話會出現在接下來的章節中：

- 面試AQ（第10章）
- 銷售AQ（第11章）
- 培訓AQ（第12章）
- 品牌AQ（第13章）
- 理財AQ（第14章）
- 醫病AQ（第15章）

這些章節的目的在於描繪五種高AQ實踐法的案例，並且將涵蓋新的領域。為了更有真實感，我在每一章都會和那一章主題相關領域的專家合作。此外，好幾個章節都擷取額外的訪談片段。

最後，第三部分以〈學習與AQ〉（第16章）作為結論。提供額外的反思給溝通者，來思考如何學習AQ，並讓重要對話能夠更順利進行。

10
面試AQ

布萊恩・格理布考斯基博士
Lasalle Network創辦人暨執行長湯姆・金貝爾

湯姆・金貝爾（Tom Gimbel）是LaSalle Network的創辦人暨執行長，LaSalle Network是一間總部位於芝加哥的人力資源招募公司。這間公司連續12年名列美國5000大成長最快速公司（Inc. 5000）、榮獲《財星》雜誌（*Fortune*）「芝加哥最佳職場企業」與「中型企業最佳職場」、富士比「最佳專業人力公司」，並名列《Inc.》雜誌的「最佳職場」。

金貝爾有超過25年的產業經驗，是全國知名的銷售、招募、企業文化與管理／領導力專家，專門為《Inc.》雜誌與《華爾街日報》撰稿。他還經常出現在美國財經頻道（CNBC）、彭博新聞社（Bloomberg）、《今日美國》（*USA TODAY*）、《紐約時報》（*The New York Times*）、《快公司》（*Fast Company*）、《創業者》（*Entrepreneur*）、《財星》等媒體上。

特別感謝

感謝美國中北大學會計所一位匿名人士接受採訪。為尊重受訪者，本章節將其化名為「貝絲」。

本章摘要：本章重點為「面試AQ」。確切的說，本章會探討如何運用AQ來準備面試，並且讓實際面試更順利。本章由人力資源教授（布萊恩）與人力資源公司執行長（湯姆）共同完成。為證明確有其事，本章著重於求職者（貝絲）的省思，因為她成功運用面試AQ找到了工作。

主要讀者：任何求職者都應該閱讀本章。除此之外，本章也會分析面試官應該如何進行面試會更好。

其他讀者：工作面試只是一個開始，而社會上的持續關係都會有開始。總會有第一次約會、第一場潛在客戶會議、專案開始會議。本章能讓讀者更理解重要的首次對話的技巧。

圖10.1 面試AQ是求職者與求才公司對談時給出適當答案的能力

比賽中的每一次傳球，我都練習了1000次。

——唐・哈德森（Don Hutson）

對運動與面試來說，練習和實戰一樣。工作面試（實戰）是一種有問有答的對話。同樣的，模擬面試（練習）也強調提問與回答問題。因此，本章將討論幾個準備面試與實際面試時通常運用到的AQ（如何回答得更好），並不討論練習與面試是否有差異。

為了更有真實感，我們研究大學生貝絲如何運用「面試AQ」。貝絲是我在大學部組織行為課程上的學生。她在那堂課上學到AQ，並參加面試AQ的線上測驗。除此之外，由於四大會計師事務所競爭激烈，在她準備其中一間會計師事務所的實習面試時，我還提供一對一的面試AQ訓練。面試共有三輪：（1）同步（雙向）視訊面試；（2）非同步（單向記錄答案）的視訊面試；以及（3）最後兩階段的同步視訊面試。最後的面試原本會在芝加哥辦公室進行，但是因為新冠肺炎全球大流行，所有面試都改為線上進行。劇透一下結果，她被錄取了。

列出問題與答案

「你可以自我介紹嗎？」或是「你三年後的目標是什麼？」等面試問題很容易讓人焦慮，準備面試時，可以藉由找出潛在問題來稍微平息這樣的焦慮感。如果Google搜尋「面試問題」，會出現許多面試問題列表。但是即便找到可能會被問到的問題，也只能減輕一小部分焦慮。要完全消除面試的緊張情緒，就要找到很有說服力的答案。準備工作面試的時候，最重要的是高AQ實踐法1提到的六種類型答案（故事、譬喻、概念、理論、程序、行動）（參見第4章）。

舉例來說，如果求職者想要準備有關「創造力」的問題，那麼就要準備好六個和創造力相關的答案來回答各種問題（為什麼、做什麼、怎麼做）。面試官可能會問：「你認為創造力是什麼？」求職者可以用「概念」（定義創造力）或「譬喻」來回答。或者，面試官也許想聊聊技術性的問題，例如「能不能談談你的創作過程？」那麼求職者可以用「程序」來回覆。總而言之，準備好六種答案類型，求職者便可以應對任何題目，並且為各種問題做好準備。

貝絲的筆記

面試問題有無數種。不知道AQ之前，我很害怕這些問題，總覺得要是沒有答得很好，就算是答得很差。了解AQ之後，即便無法事先知道問題是什麼，也可以從六種答案類型（故事、譬喻、理論、概念、程序、行動）來思考。這改變我在準備過程中的心態，我變得更冷靜，對面試問題更有準備。

真誠回答

要得到錄取，求職者需要具備和職務有關的知識、技能與能力（Knowledgw, Skill and Ability，簡寫為KSA，合稱為工作知能）。以本章主題而言，我們先來看看「技能」，也就是求職者能夠展現出和工作相關的重要技能。舉例來說，根據領英2019年的全球人才趨勢報告，92%的專業人資表示，軟技能（如領導能力、團隊合作能力、談判能力）與硬技能同樣重要，甚至更重要。[1]確切來說，求職者應該要找出自己的軟技能。回想一下小時候，新學期前一天，爸爸或媽媽可能會說：「做自己就好。」這個睿智的建議不但適用於學期初、第一次約會、工作面試，可能也適用於開啟重要的社會關係。

做自己，或者說真實展現自己，一直是求職者很在意的條件。理察・鮑利斯（Richard Bolles）最早在1975年出版的名作《我的降落傘是什麼顏色？》（*What Color is My Parachute?*）中，用求職者選擇降落傘的顏色，來譬喻最適合每個人的工作類型。我們（作者與湯姆・金貝爾）討論面試AQ時，我提議將「求職者的真誠」作為本章的重點。「我的想法很接近，」金貝爾很客氣的回應。但他認為用「人類的真誠」更恰當。沒錯，這是一個微妙卻又重要的東西。當我們說「求職者的自我風格」時，代表我們可以在面

1 2019 Global Talent Trends Report, 2019.

試時戴上「真誠」的面具。但是，這層面具底下還有一張臉。金貝爾認為，作為人類，我們無論什麼時候都要保持真誠。在家裡、在面試時，還有得到這份工作時，都要保持真誠。如果想著要怎麼在面試裡展現「真誠」，那就不真誠了。這麼說，「真誠」與生活應該要是一致的。就算在其他情況中，真誠也不會隨時間改變。大品牌很真誠的忠於自我，正是因為他們始終不變，請想想Ralph Lauren、Gucci或Burberry等時尚品牌。

在AQ的領域中，我們認為唯有真誠，答案才能前後一致。警方審訊罪犯前，罪犯會「描述故事」。這麼說來，只有很真誠或真實的故事（回答）才能通過審訊。這代表如果故事前後一致，被告就無罪；如果故事前後不一致，被告就是罪犯。以面試AQ來說，我們並不是暗指不真誠的求職者就是罪犯，而是說他們這樣做很膚淺。想像一個來面試的人說自己最好的軟技能是領導力，結果卻無法講出自己展現領導力的故事，就代表這個人講的話很不真誠。從這層意義上來說，每一種答案類型（故事、譬喻、理論、概念、程序、行動）都是展現真誠的方式。總而言之，保持真誠才能夠提供六種一致的答案。這和補充說明的答案一樣，當六種答案都能夠彼此互相補充說明，才能截長補短、增加可信度（參見第6章〈高AQ實踐法3：補充說明〉）。

不真誠的求職者或許可以單獨把「我為什麼要雇用你？」這個問題回答得很好，也可以提供一個很普通的軟技能作為答案，可能是一個展現領導力的故事（所謂的最佳軟技能）。但是，不真誠的人很難提供六種完整的答案，因為他給的每種答案都很表面，沒有內涵。當面試官繼續提問，太表面的故事會漏餡，像是「你從那件事當中學到什麼？」（理論）、「你如何定義領導力？」（概念）、「那麼，你從那件事當中有沒有學到哪些可以每天執行的團隊領導方法？」（行動）。就這樣，面試官會在來往對話之間探索，並且重新審視每個回答。透過這些對話，答案之間的一致性便能展現出求職者的真誠程度。

為了讓學生能在面試中真誠的展現軟技能，我和數百名大學生與企業管理碩士生合作，完成面試AQ數位評估表。首先，學生要先找出自己的最佳軟技能。其次，學生要透過線上練習簿與問卷調查想出六種答案（故事、譬喻、概念、理論、程序、行動）。評估結果通常是「不夠真誠」。例如，33%的學生無法用譬喻說明自己的最佳軟技能，其他學生則是無法提出可信的其他類型答案（故事、理論、概念、程序、行動）。我們再次認為，如果無法說出六種答案的類型，在極端情況下，求職者所謂的軟技能可能會變成「很表面的軟技能」。

幸運的是，我們可以透過練習來找出真誠且一致的六種答案類型。求職者可以使用兩種方法來提高答案的一致性：自我意識與自我調整。[2]廣泛來說，自我意識是透過內省來找出價值觀、身分認同、情緒與目標。[3]在AQ的領域中，真誠的求職者會認真思考他們的最佳軟技能（例如領導力），並試圖找出能展現這個軟技能的六種答案（故事、譬喻、理論、概念、程序、行動）。在確定最佳軟技能後，每一種答案類型都可能成為展現真誠的切入點。經過自我反思後的第一個答案應該要突出且生動，因為這個答案會成為後續每一個答案的核心。實際操作後，我發現從「說故事」開始往往是最好的做法。因此，求職者可以想一個引人入勝的故事來展現自己的最佳軟技能。接著，求職者可以有系統的找出與第一個答案（故事）一致的其他五個答案（譬喻、理論、概念、程序、行動）。透過這個過程，六個答案之間如果有一致性，便可以展現真誠。

在理想的情況下，有了自我意識便可以找出六個補強的答案。但在現實中，並不是這樣，而且求職者會持續調整真誠度，所以，「自我調整」的過程才能進一步使答案變得更完善。「自我調整」與設定內在標準有關（例如，能否理

2 Gardner, Avolio, & Walumbwa, 2005.

3 Gardner, Avolio, Luthans, et al., 2005.

解什麼才是高品質的答案）；評估期望答案與目前答案的差距，才能夠對症下藥。舉例來說，如果無法想到領導力的譬喻，可以改為思考譬喻的定義（參見第4章）並到網路查詢，找出有共鳴的譬喻。

貝絲的筆記

為了展現真誠，我會先確認自己要展現的風格。我會思考自己的最佳軟技能，也會思考常見的問題類型，例如如何克服挑戰。我會大致上針對我想在面試時展現的幾個風格來做準備。

接下來，我會針對每一種風格提出六種類型的答案。這樣一來，無論遇到什麼問題，我都可以準備好最真誠的答案。

我的回答風格是什麼顏色？

冒著扭曲「我的降落傘是什麼顏色？」這個譬喻的風險，我們將顏色的選擇延伸到面試對話。由於求職者與面試官都有喜歡的回答風格；就像性格是每個人獨特的本質一樣，回答風格代表我們偏好並且更常用的溝通習慣。本書（參見第7章）用黑白視覺效果來表示三種答案風格，但是在本書以外的地方，我是用紅色、黃色與藍色來表示：關係風格為紅色（故事、譬喻），分析風格為黃色（概念、理論），實用風格則是藍色（程序、行動）。紅色通常和情緒有關，黃色在亞洲國家與智慧有關[4]，而藍色又稱為藍領，和實務工作有關。最簡單的方法是把答案風格想成「心臟、頭腦與雙手」（分別代表關係風格、分析風格與實用風格）。

我們認為回答風格在面試中很重要。如果不考慮其他因素，求職者偏好的回答風格會和他們在特定情況下的答案有關。舉例來說，我們都參加過會議，開會時有人可能會根據某種情況（面臨危機、機會，或者只是更新最新狀況）講述某件事情。關係風格的人會不自覺使用故事與譬喻；而另一種人總是會在開會時提出預測並提出接下來該怎麼做，這就是實用風格的人；第三種人會想討論大局，並且總會在會議上詢問其他人做出某個決定的理由，他們屬於分析風格的人。如果這些人以求職者或面試官的身分進入就業市場，他們也會在對話中使用同樣的溝通風格。

呼應先前對於真誠度的討論，我們應該要鼓勵求職者

---

4 Heller, 2000.

使用自己喜歡的回答方式，因為這對求職者來說是最自然的回答。但是，求職者應該要了解面試官偏好的答案風格，並且隨時調整答案，這會讓面試官感覺求職者更真誠。舉例來說，求職者可能會在面試一開始注意到面試官講了一、兩個故事，那麼當求職者用故事來說明時，面試官會很開心，這表示面試官屬於關係風格。因此，這位求職者應該在整個面試過程中多運用故事與譬喻。

貝絲的筆記

AQ能讓對話更加順暢。了解回答風格有助於了解面試官的立場、他們最重視的事物。回答問題通常有很多方法。在知道AQ之前，我會用自己的方式解讀問題。了解AQ之後，我會思考面試官如何解讀問題，並且像稜鏡一樣反映他的回答風格。他是分析風格、關係風格還是實用風格？我會依據面試官的風格來調整答案。

深度與廣度

金貝爾想聘雇一位行銷專員。他與求職者聊了很多，各種不同話題都聊了。結果顯示這位求職者的專業成就很符合要求。本來面試可以結束，但實際上並沒有。金貝爾隱隱覺得哪裡不對勁，於是又問了一個問題：「這個工作是你的團隊負責的嗎？或者你是負責管理外部顧問？」答案是80%都在管理外部顧問。如果金貝爾沒有接著問，就會錯過關鍵資訊。求職者講的都是完成的事情，而不是誰去做這些事。客戶需要的是一位內部行銷總監，沒有預算給第三方顧問。這位求職者並不是合適的人選。就程序與行動而言，工作是「誰」做的很重要。

這個例子說的是面試的「深度」與「廣度」之間的權衡。面試可以涵蓋的內容有限，有一種方式是表淺的帶到許多話題，可以深入探討的重點較少。根據金貝爾的說法，對於招聘單位來說，最好詳細討論少數幾個重點就好。詢問候選人的各方面背景，像是做過的每一項工作、任職的公司與年資等，似乎是不錯的做法，但還要針對招聘單位開出的條件詢問適配度的問題。但問題就像金貝爾的故事那樣，聚焦在廣度的橫向對話很表淺，難以評估答案的品質。

當我們從一個主題跳到另一個主題時，會出現兩個問題。首先，顯而易見的問題是，任何答案都是皮毛而已，這讓面試官很難評估答案的真實性。在最初的AQ研究中，有一位世界頂尖高爾夫教練這樣說過：「我會盡量讓學員聽到第一個譬喻就懂，如果不行，第二個譬喻就一定可以達成目的。」這麼說來，求職者如果可以找到正確的譬喻，並且有很多預備的譬喻來描述最佳軟技能，就能如魚得水。求職者如果可以說出一個故事，那不算什麼。但是，他們有第二個或第三個故事嗎？換句話說，如果對話很廣泛，快速從一個主題跳到另一個主題，就會無法探索每一個答案的深度。

其次，如果問題涵蓋許多個面向，那麼答案與答案之間不太會有關聯。缺乏情境（其他答案）會讓評估答案的能力有所局限。真誠的回答是，六種答案類型中的任何一種都可以說明或補強其他類型的答案。舉例來說，求職者可能會提出自己對領導力的定義（概念答案），接著馬上講一個故事來說明。在這個過程中，故事會讓概念更有深度。

結構化面試

和非結構化面試相比，結構化面試可以從23個更準確的指標來預測未來工作績效。[5]結構化面試的特色是詢問所有應徵者相同的問題，並且用數字來對每一個回答進行評

5 Wiesner & Cronshaw, 1988.

我認為六種答案都很重要。我的目標是全面展現自己，這代表要提供所有類型的回答。如果談話流於表面，每一個主題都只涵蓋一種或兩種答案類型，就無法讓人留下深刻印象。我會在面試時找機會把所有答案連結起來。不一定所有主題都可以做到，但至少要有一個重點題目的回答能夠讓每種答案相互補強，這樣面試官才能比較全面的了解我這個求職者的潛力。

分。結構化面試對面試官與求職者而言都能提高公平性與準確性，但我們認為目前的結構化面試方法還無法充分分析每一個答案。

我先前擔任觀察員的經驗可以給各位參考。我當時是一間大學的人資副總裁遴選委員。在視訊面試階段，目標是將人選範圍縮小，並邀請兩位人選到校園面談。在詢問求職者和工作相關的問題時，我們採用的是經驗面試法則。其中一位求職者講得很好，也令人眼睛為之一亮。面試委員對她的評價很高，並邀請這位候選人到校園面談。在遴選面試中應對教職員工問題時，她卻表現得差強人意。以AQ來說，她講的事情還是很引人入勝（展現出關係風格），但在表達人資策略的分析風格（理論與概念）卻不盡理想，而且也不熟悉和實用風格相關的工作細節（程序與行動）。簡而言之，六種答案類型中缺少了四種。

事後看來，遴選委員在視訊面試時提出的是廣泛問題，並沒有辦法細分答案類型（故事、譬喻、理論、概念、程序、行動）。例如以下問題。

你能不能分享協助部屬提升技能的經驗？（說明性問題）

面對這種類型的廣泛問題，求職者可以用任何類型的答案來回答（故事、譬喻、理論、概念、程序、行動）。在這種情況下，用故事回答似乎更有說服力。正因為沒有要求求職者使用特定的答案類型來回答，他們就可以隨意給出不同的答案類型。因此，這就像拿蘋果和橘子相比一樣，衡量求職者的答案時會比較不可靠。

其次，遴選委員對求職者的答案進行評分時（在滿分5分當中，1分是差、2分是中等、3分算是好、4分非常好、5分則是優秀），可以隨機使用任何一種答案類型來衡量要給幾分。故事的分數可能高於其他五種答案類型，而且故事說得好的話，可以得到更高的分數，因此好故事更有可能得分。

如果明確將結構化面試的問題和／或答案類型作為評估標準，那麼這位差強人意的求職者很可能會提早出局，因為她不會通過視訊面試。如果提問時以AQ理論的答案為基準（確認六種類型的答案，而不只是故事），並且以此針對六種答案來評分，缺乏實用風格的答案（程序、行動）與分析風格的答案（理論、概念）的問題就會暴露出來。總而言之，從招募單位的立場來看，利用AQ來提出指定的問題（著重在特定的答案類型），並且在評分時明確訂定期望的回答類型，就很有可能增加面試的效率。

就算面試官很糟糕，還是要把所有答案表達出來。我會禮貌而堅定的提出答案，因為這些答案是評估工作能力的重要考量。必要的話，我會回答他們沒有問到的問題。例如他們沒有問到理論，我還是會說，因為我希望他們知道我的分析能力很好。即便他們不問我程序步驟，我還是會分享某個程序，因為我希望他們能知道我很了解如何完成工作。

速成技巧

在這一小節，我會簡略提到一些常見的AQ錯誤，並討論如何在面試時避免這些錯誤。

例子不一定是答案

即使已經盡心盡力準備面試、也準備六種類型的答案，真的身處面試現場，要讓六種答案派上用場，而問題開始迎面而來時，我們可能還是不知道怎麼回答。舉例來說，面試官可能會問：「可以舉個例子說明你怎麼處理員工之間的衝突嗎？」但是，「例子」這個說法很模稜兩可。面試官想要的是故事、程序還是其他類型的答案？AQ是一種技巧，而不是自然的語言。你（理解AQ的人）的工作是將自然語言融入這個技巧，才能辨別需要哪種答案類型。作為求職者，可以從情境來理解「舉個例子」指的是「故事」。其次，身為精通AQ的人，提問的時候要避免模稜兩可的詞彙。不要請對方舉個例子，而是請對方說一個故事、譬喻、理論、概念、程序或是行動。第三，透過額外對話來確定對方想要的答案。例如，求職者可以問面試官：「請問您是希望我分享一件事嗎？」這種類型的溝通要的是對方「是／否」的答案，以及確定對方要的答案類型。請注意，銷售

AQ章節中會進一步討論如何引導對話（參見第11章）。

運用五種高AQ實踐法

如同之前的討論，五種高AQ實踐法（見第4～8章）對任何重要談話都很有幫助，包括面試。以下會詳細討論運用高AQ實踐法的好處，尤其會針對高AQ實踐法1（提供六種答案）、高AQ實踐法3（補充說明）以及高AQ實踐法4（建立回答風格）逐一討論，也會討論到其他AQ實踐法。例如貝絲在最後面試階段中被問到一個重要的「怎麼做」的問題。為了充分回答「怎麼做」的問題，她用程序與行動回答兩次（參見第5章〈高AQ實踐法2〉）。面試成功的重點在於，練習運用五種高AQ實踐法。

認真回答問題

在我和世界頂尖高爾夫球教練最初的研究裡，其中一個很關鍵的發現是「認真回答問題」。不管問題是什麼，高爾夫球教練都會盡其所能的回答。舉例來說，有位客戶希望高爾夫球教練教他怎麼把球打得更遠。這位學員與朋友打練習賽時，很執著於開球的距離。沒錯，在實際高爾夫球場上打球，準確度與距離對於降低桿數都很重要。但是，這位學員只想用力把球打得很遠，讓別人讚嘆。以AQ來說，這位教練教他一套程序，可以在第一桿打出最遠的距離，但完全不論準確度。同樣的，求職者在面試時要認真回答對方提出的問題。身為一位新手教授，我把重點放在「為什麼」的問題，以及和「理論」相關的答案。然而，學生更常提出實際的「如何做」的問題。我卻經常快速帶過他們的問題，只專注在自己關心的問題上。直到後來用心聽進「認真回答問題」這項原則，我與學生的交流（還有教學評鑑！）才大幅改善。無論是老師在課堂，或是求職者在面試中，都可能會因為顧著分享自己最看重的事而忽略其他事物。（如果各位希望教學評鑑分數好一點，或是希望被錄取，）重要的是，以對方的問題為中心來回答。

事後檢討

我們（我與湯姆・金貝爾）與貝絲討論的過程中，擬出準備面試與應對真實面試的方法。貝絲補充說，以AQ來說，面試之後的檢討很重要。只有面試結束後，才能真正知道該怎麼改進。請各位問問自己，有沒有提供所有類型的答案，也就是故事、譬喻、理論、概念、程序、行動？哪些問題沒有回答好？是否太專注在某些答案？有沒有照著五種高AQ實踐法去做？這些問題可以幫助自己彌補目前的AQ與目標AQ之間的差距。

貝絲的筆記

回答問題有很多小眉角。我覺得很多錯誤都源於沒有意識到「回答」的重要性。我們都聽說過那句老話：「想要什麼工作，就穿什麼衣服。」我有自己的AQ心法，能為我想要的工作提供答案，讓我知道什麼才是重要的答案。

11 銷售AQ

布萊恩・格里布考斯基博士 Salesforce工業機械製造資深經理、PreSales Collective創辦人詹姆斯・凱基司

詹姆斯・凱基司（James Kaikis）是Salesforce的工業機械製造負責人，也是PreSales Collective的創辦人。PreSales Collective是一個致力於全球工業機械銷售的專家企業。凱基司在科技業工作近十年，並且在客戶體驗的領域擁有超過15年的經驗。凱基司把自己歸類為「以客戶為中心的問題解決者」，並認為「好業務」與「超讚業務」之間的差別在於銷售過程的細節。

Gong內容策略經理戴文・里德

戴文・里德（Devin Reed）目前是舊金山一間高速發展的科技新創公司的內容策略經理，負責規劃內容、創意發想與內容管理。在踏入行銷領域前，他有六年的軟體即服務

（SaaS）銷售經驗，也曾是Gong公司知名的第二位銷售業務員。他還透過自己的公司The Reeder為B2B企業提供諮詢，為企業提出令人印象深刻又有效益的內容策略。

本章摘要：在先前的章節中，AQ就像指南針，是指引對話的工具，也可以讓任何特定對話變得更順利。在本章裡，我們把AQ指南針加進銷售領域的地圖，以便添加一個重要元素，也就是每個對話裡都有的獨特「地形」，必須勾勒出來並善用導航。本章的內容在於，AQ指南針要怎麼與地圖一起使用，才能成為重要銷售對話的導航。此外，本章也會探討一系列問答構成的對話是如何開展。最後，本章的銷售對話重點會聚焦在人工智慧（AI）上。而這種人工智慧是由Gong公司開發，這是一間智慧銷售對話的先驅企業，收集幾百萬通銷售電話才開發出這種技術。

主要讀者：想掌握B2B領域重要銷售對話的專業人士都應該閱讀本章。除此之外，買方也應該閱讀本章，因為買方可以更有效率的購買產品與服務。畢竟對話就像一條雙向街道，不是單行道（各說各話）。

其他讀者：任何會面臨重要談話的人都應該閱讀本

章。工作面試、指導、培訓以及幾乎所有重要對話，都會隨著時間變化。雖然銷售地形很獨特，但閱讀本章時，讀者可以牢記特定對話的地形（工作面試、指導、培訓等）。大部分的對話都不太一樣，但是它們和重要對話卻有很多相同之處。例如，所有對話都有開頭、過程與結尾。我們刻意把銷售漏斗模型分為三個階段，鼓勵大家在重要對話的開始、過程與結束時反思、比較。

圖11.1　銷售AQ指的是買賣過程中提供答案的能力

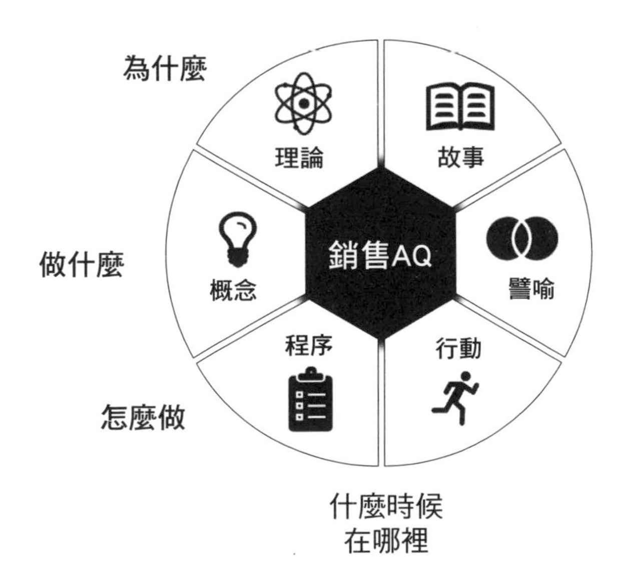

掌握重要對話就像背包客在荒野深處尋找出路。經驗豐富的背包客會用兩種導航工具：地圖與指南針。地圖在規劃旅行時很好用，只要透過目的地與中途地標，就能規劃出路線。進入樹林時，即使看不見地標，指南針也能在任何地點指出旅途方向。指南針上旋轉表圈的數字表示0°～360°，可以用來識別特定方位。指南針的方位可以用來從地圖上的某個地標移動到另一個地標，這樣就不會在黑暗的森林中迷失方向。

AQ環狀圖就像指南針，可以用來指引對話中的方向。我們之前沒有提到，AQ能夠規劃出每個獨特對話的地形。我們會在本章探討銷售AQ，以便掌握銷售對話的地形，銷售對話的過程通常會用一個漏斗模型來表示，從打造潛在客戶的認知開始，接著是教育、購買決策，從賣方的角度來看，這是一點一滴穩定邁向成功的銷售模式。

銷售地圖的地標是決定性的對話，這些對話可以用來規劃路線，從銷售漏斗的最上方成功導航到最底部。在AQ中，我們將對話定義為買賣雙方的提問（做什麼、為什麼、怎麼做）與回答（故事、譬喻、理論、概念、程序、行動）。我們利用兩位合作者的第一線專業知識，他們是Salesforce的凱基司與Gong的里德，他們代表的是兩間銷售對話技術與思想走在前端的企業。Salesforce是眾所周知的重量級企業，全球首屈一指的客戶關係管理（CRM）軟體龍頭。本章將以Salesforce透過客戶關係管理軟體，每天追踪重要對話的經驗為基礎。Gong則是B2B銷售團隊智慧對話平台的領頭羊，他們開發捕捉客戶互動（視訊與電話、電子郵件、面對面會議）的人工智慧，並用它分析交易成功的策略。這個智慧對話平台可以分析問答，並且提出銷售改善報告。

圖11.2　掌握銷售對話漏斗

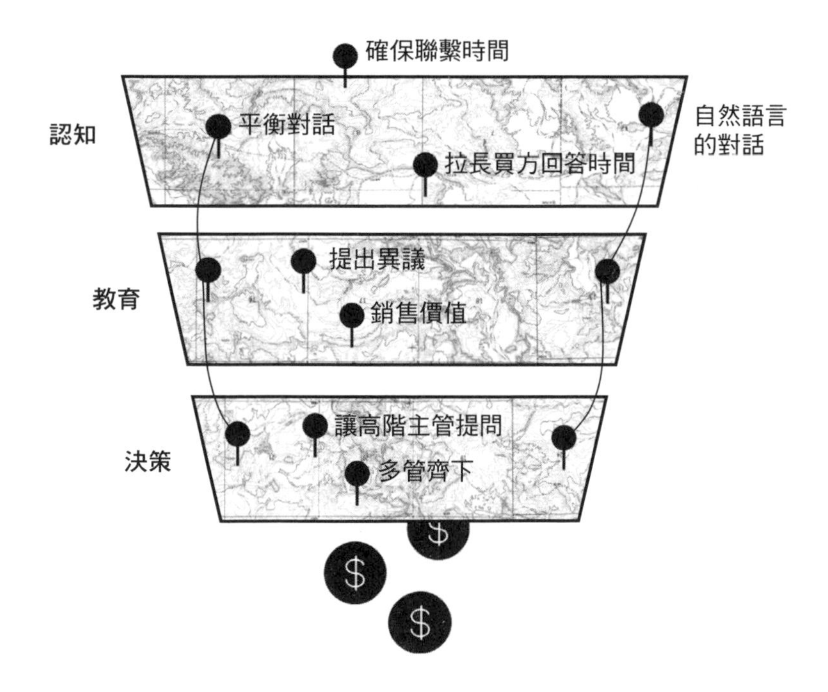

Gong就像一位繪製銷售流程的製圖師。如圖11.2所示，Gong分析並識別出幾個銷售對話的重要面向，每一個都如同地圖上的定位圖釘。所有圖釘加起來，代表的是指引銷售過程的一連串對話地標，將地圖上的圖釘劃分為不同的銷售階段（意識、教育或決策）。此外，銷售漏斗中重複出現的對話地標便是連成一線的圖釘。我們會用AQ的方式來說明從Gong分析發現的事情。

銷售漏斗中的對話

保持平衡的對話

在分析Gong記錄的51萬9,000個B2B銷售開發電話時（銷售漏斗的意識階段），成功交易的賣家提出的問題數量大致落在11～14個，如果提出的問題超過這個範圍，成功率便會下降到平均值。除此之外，績效最好的人會在整個通話過程中平均提問，但績效普通的銷售員只會在通話前八分鐘提問，接著便逐漸減少。銷售員似乎要有一套「銷售電話的問題清單」才行。此外，講話的人在買賣立場之間切換的次數愈多，成功的可能性就愈大。績效好的人平均每分鐘會切換立場3.2次。

以AQ來說，買賣雙方在整個意識階段（教育與決策階段也是）應該要輪流提問與回答問題，問答都要平均分配才是自然的對話方式。確切的說，賣方或買方都可以先說話（發話者）或後說話（回應者）。每一輪對話中，買賣雙方可以提問或回答（構成對話的兩個訊息方塊）。角色（發話者、回應者）與訊息（問題、答案）交互作用會形成四種對話「問—問」、「問—答」、「答—問」與「答—答」，其中「問」代表問題，「答」代表答案。這四個對話都和問題（做什麼、為什麼、怎麼做）與答案（故事、譬喻、理論、概念、程序、行動）有關。請參見下表四種銷售對話的AQ例子，買方與賣方分別是發話者、也是回應者。補充說明：有興趣的讀者也可以看第17章，進一步了解構成四種對話的基本要素。

自然語言的對話

如果買賣雙方都讀過這本書，對話可能會更順暢，因為可以不拐彎抹角的引用、詢問、討論答案與問題的類型。例如，賣方可以要求買方用「理論」來定義他們要問的問題；或者，想知道實際功能的買方可以請賣方概述產品使用的程序與行動。可惜，事情沒那麼容易。六種答案類型（譬喻、故事、概念、理論、程序、行動）以及三種問題類型

四種對話

對話	描述	例子
問一答（根據對方的問題來回答）	賣方或買方（發話者）提出的問題代表雙方知識的缺口，由對方（回應者）來回答。	買方問：「我為什麼要跟你買？」賣方用一個和買方相同產業的成功案例來回應。
問一問（根據對方的問題來提問）	賣方或買方（發話者）提出的問題代表雙方知識的缺口，而對方（回應者）針對問題再次提問。	在銷售對話的第一分鐘，買家就問：「這個產品要多少錢？」這麼快就問這個問題，賣家會認為，買方覺得價格對賣方來說很重要（AQ中的概念），也許是買家用來繼續對話的過濾性問題（是，否）。 如果賣家一開始就直接回答這個問題，通常會讓銷售過程偏離軌道。這是因為買家沒有意識到自己的需求、以及要花多少錢滿足這個需求。因此賣家可以反問：「價格對你來說是最重要的考量嗎？」這個問題的目的是鼓勵買家自我檢視，也許會意識到可靠、速度、創新或其他概念更重要。
答一問（先回答後提問）	賣方或買方（發話者）回答另一方（回應者）提出的問題。	買家以理論類型的答案來提問：「我們的客戶支援團隊沒有輸入客戶資訊，對客戶有不好的影響。」這是一個理論陳述，可能會被解讀為「不夠可

		靠→客戶滿意度降低」。作為回應者的賣家可以提出是非題來釐清：「您是說因為不夠可靠度，導致客戶滿意度下降嗎？」（「為什麼」的問題）。或者賣家可以提出開放式的問題來釐清：「能舉一則故事當例子，說說為什麼會有問題嗎？」（「為什麼」的問題）。
答一答	賣方或買方（發話者）提供答案，另一方（回應者）也提供答案來強化發話者的答案；或是提供不認同的答案，讓觀點更全面，用不同的觀點讓彼此更理解事情全貌。	買方分享公司的問題（故事）。賣方以譬喻（或六種答案類型中的任何一種）來回應，既強化這個故事，也向買方傳達對這個問題的理解。

（做什麼、為什麼、怎麼做）是技術性語言，不是（現實世界中用的那種）自然語言。在現實世界中，不懂AQ的人也會經常使用這六種答案和三種問題，但是他們對這些答案與問題的定義不同，才會導致困惑與混淆。舉例來說，賣家如果要買家用理論提問，可能會招來白眼。為了保障效率，受過AQ訓練的溝通者需要把AQ的技術性語言與現實世界的自然語言連結起來。舉例來說，在商業界的情境下，比起「理論」，大家更了解「策略」這個詞。然而，就算是同義

詞也不一定每個人都懂。《經濟學人》（*Economics*）有句名言：「沒有人真的知道策略是什麼！」[1]

用同義詞來回答

某個同義詞也許沒有人理解，但另一個同義詞可能有用。所以，去找對其他溝通參與者有意義的正確語言吧！幸好，大家在現實世界的對話中通常可以理解故事與譬喻，但也不一定所有人都能接受。

運用引導性的問題

自然語言的對話還有一個複雜的地方，那就是「為什麼」、「做什麼」與「怎麼做」的問題不一定總是對應到結構、闡述與程序類型的知識。例如，買家可能會問：「怎麼知道這東西有用？」買家問的不是「怎麼做」的問題（強調程序知識），而是「為什麼」這個東西可以提高客戶滿意度。也許從賣家講的話裡，買家聽不太懂產品怎麼能提升客戶滿意度。也許可靠度、創新或其他原因才是關鍵，但買家不太確定。在這種情況下，為了彌補自然語言與技術語言之間的缺口，並把買家想知道的答案說清楚，賣家可以用引導

1　Economics, 1993.

答案類型	同義詞
故事	• 案例分析 • 奇聞軼事 • 舉例説明
譬喻	• 對比 • 比喻 • 象徵
理論	• 策略 • 邏輯 • 論述 • 理由 • 因果 • 假設
概念	• 構想 • 變數 • 目標（外在變數） • 商業動機（趣聞軼事的變數） • 好處（特指和產品／服務相關的銷售益處）
程序	• 流程 • 做法 • 計畫 • 方法 • 步驟（多個）
行動	• 步驟（單個） • 產品特色（銷售領域專業用語） • 行為 • 任務

性的問題來問：「請問你是希望我解釋一下理論嗎？」如果買方說「對」，那麼賣方就知道買方想要的是理論答案。引導性的問題經常要和同義詞一起使用。例如，上述問題用理論的同義詞來提問就是：「您希望我解釋這個策略嗎？」最後，引導性的問題可以讓要求更具體，就像加入操作程序引導下一個步驟，接著便可以用引導性的問題再探聽其他資訊。舉例來說，具體的要求可以是增加議程、架構協議（也就是關於如何談判的協議），或是賣方可以用前期銷售合約來開啟每一次的銷售對話。有了架構（議程、架構協議、前期合約），業務員便可以用一個引導性問題「這樣可以嗎？」來衡量對話是否會成功。

認知對話

認知對話包含賣方是否對買方的需求有初步了解，並且提供能夠提供買方需要的潛在解決方案。在這個階段，雙方對彼此的理解不多，仍然在發展當中。在銷售漏斗的最頂端，賣方可能會用陌生開發來試著開啟對話。從漏斗頂端稍微往下，業務員可能會回應行銷端執行的集客式行銷。然而，漏斗再往下，買方與賣方都同意進行探索拜訪，就代表雙方都願意投入時間，看看是否可能進到下一個「教育階段」。

確保聯繫時間

在陌生開發期間，賣方與潛在買方彼此不認識，賣方目的是讓買方接受後續會面。在簡短的通話中，重點在於提供答案給買方，激起買方針對自身需求或產品提出更多間接或直接的問題（答一問對話）。舉例來說，賣方的譬喻可能讓買方對自身需求產生疑問。賣方可以用這個新發現的問題作為之後打電話做行銷的理由，以便進一步探索這個需求。

Gong公司發現，在邀約見面的電話中，買家願意聆聽對方說話的時間長達37秒。在這段時間裡，如果買方沒有找到提問的機會，那麼賣方也就沒有機會提問。此外，如果賣方給了一個強調原來答案的回答（答一答對話），那麼就不太可能意識到買家的需求，也沒辦法找到之後再打電話的理由。舉例來說，買方可能會認為「我們目前的供應商也可以提供相同的好處」（概念答案），當他們出現這種想法，便不太可能接起後續的銷售電話。

拉長買方回答時間

透過電話進行銷售開發的時候，最主要目的是讓賣方了解買方的需求。因此，分析銷售電話會發現，賣方提出開放式的問題（不是封閉式的是非題），買方才有可能出現「長時間」（問一答對話）的回答。Gong公司的銷售電話轉錄引擎發現，「長時間」的回答指的是，買家針對賣家提出的問題加長了回答時間。比起業績普通的業務員，成功的業務員所提出的答案，更能讓買家延長回答的時間。

這些具備高影響力的提問，也就是賣家激發買家延長回答時間的問題，具備兩個重要特徵。首先，這些問題屬於開放式的問題，因此非常有效。頂尖的業務員會盡可能減少提問，來消除「面試式」開發對話給買方的壓力。如果各位曾經參加過密集問答式的面試，就知道在短時間內回答大量問題有多累。這種精疲力竭的感覺在銷售界被稱為「開發疲勞」，是會錯誤引導買家的銷售大敵。

相反的，最好問少數幾個問題就促使買方提供更長、資訊豐富的答案，而不是問一堆問題才能得到相同份量的資

圖11.3　確保聯繫時間，不要進行開發，不要害怕說得比平常再久一點

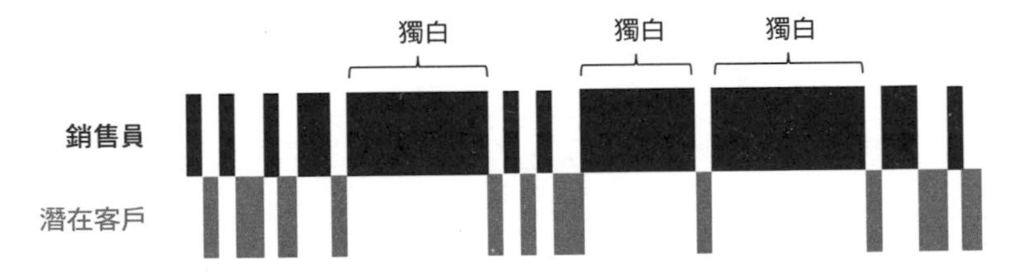

訊。舉例來說，不要問「您使用Salesforce.com嗎？Gong呢？您也會用Zoom嗎？」這樣會逼迫買家在短時間內回答許多問題。

請改為問對方「您會用到哪些銷售軟體呢？」對方就可以回答：Salesforce、Gong、Zoom等。」在這個問答中，買方只需要回答一個問題，卻能提供相同的資訊量給業務員。而且對於買家而言，這個對話更舒服。

高影響力問題的第二個特徵是，通常需要回應者運用思辨能力，而不只是背誦資訊。如果我們再看一次前文的例子，買方回答後通常會有兩種後續發展。平庸的業務可能會接著問「您覺得現在用的銷售軟體有什麼不足嗎？」之類的問題，努力想找到可以解決的問題。這樣的意圖沒有錯，但可能會得到很普通的回答，例如「我們的應用程式介面（API）不夠好。」然而，應用程式介面為什麼重要？對方覺得不好的地方在哪裡？業務員還有很多訊息要挖掘，因此會提出更多問題，看看裡面有沒有寶藏可以挖。

一位資深精明、具備高AQ的業務會這樣問：「您現在用的軟體，有什麼地方會導致您在今年無法達成最重要的計畫嗎？」如此一來，買家必須停下來認真思考才能回答。買家可能會說：「嗯……我們最重要的事就是提高團隊的產能。公司的目標是提高12%產能，我們希望透過工作流程自動化來達成目標。但是我們目前的技術系統無法連通，團隊要花很多時間手動輸入數據。」賣方現在得到交易成功的重要訊息了：公司的首要目標（提高產能；概念答案）、成功標準（產能增加12%；概念答案）、增加12%產能可以從哪裡著手（縮短手動輸入數據的時間；行動答案），最後則是解決方法（透過應用程式介面提高資訊連通；程序答案）。這就是高影響力問題微妙卻可觀的影響。

教育對話

教育對話包括進一步了解買方需求。包含主要賣方在內的所有供應商，都在探詢潛在的解決方法。買方對賣方的產品或服務已經愈來愈有興趣，此時行銷的工作已經完成（認知），對業務員來說現在才要「來真的」，他們要在教育階段讓交易關係更加緊密。這個階段通常包含產品展示（通常是最關鍵的教育對話）、評估或試用。

提出異議

異議就是買方的答案。舉例來說，買方可能會用「你的產品沒有X、Y與Z」這個問題，實際的批評產品做不到的程序或行動。「我對現在的供應商很滿意」則代表買方和目前的供應商合作真的很順利，這是深深發自內心的說法。或者買方可能會嫌「你們的服務太貴了」，這可能表示他們對賣方的價值（也就是理論答案）不太理解。

分析Gong公司提供的超過6萬7,000份銷售示範錄音，我們發現績效最好的人當中，有54.3%的人會在客戶提出批評後再提問，而績效普通的業務員則只有31%會這麼做。換句話說，當賣方作為回應者提出問題（答一問對話），才能有效的針對買方的批評來澄清（回答）。舉例來說，買方可能會嫌「你的產品太貴了」，那麼賣方可以針對買方的批評提出兩

圖11.4 業務員針對客戶批評再提問的比例

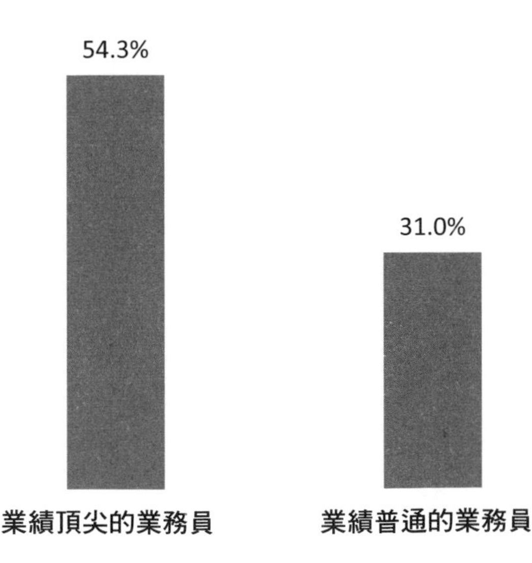

個基本問題。第一，賣家可以問：「資訊安全對您來說有多少價值？」目的是藉由問題來提示買方，讓他們意識到價值並重新思考答案。也許賣方之前就已經發現，或是從買方的歷史資料得知，資訊安全對他們來說非常重要。業務員希望買方聽到這個策略性問題後，會重新衡量最初的否定意見。第二，為了知道買方的理解是否有落差，賣方可以用提問來當作說明。例如，賣方可以問：「如果要購買這項產品，你們有多少預算？」這個問題的目的在於填補賣方知識的缺口。

銷售價值

銷售價值是一種常見的銷售方法。在AQ中，銷售價值包含理解可以展現價值的六種答案。舉例來說，所有業務員講的都是類似的故事嗎？像是有些故事可能和可信度有關，有些則是和創新有關。業務員提的理論（X → Y）是什麼？可信度會增加買方的獲利嗎？或者，創新才會增加買方獲利？同樣的，買方公司內部必須同意、並且一致認同這六種答案；此外，這六種答案之間也要保持一致。最好在進行開發時分享故事，而且這則故事要能夠自然帶到程序（或其他五種答案類型中的任何一種答案）。這套做法在解釋時可以發揮經濟效益（節省提供答案的時間），而且所有答案都可以互相補強。

決策對話

銷售的最後階段是購買決策（買或是不買）。決策者是有權、有預算下訂單的買家。 一般來說，決策者會由不同的人擔任，這個人會比參與銷售初期階段的人更資深。在複雜性銷售中，往往會涉及許多位決策者。

讓高階主管提問

在銷售漏斗頂端的開發過程當中，賣方經常會問比較多問題，而且提問的對象通常不是買方組織中的決策者。到了銷售漏斗底部，資深決策者通常會參與對話，而狀況也會因為由誰發問而出現天翻地覆的變化。Gong公司發現，和資深決策者對話時，賣方最多只能問四個問題；一旦賣方提出五個問題以上時，就會產生很嚴重的負面影響。業務員向決策者推銷時，最常見的錯誤就是採用開發的方法（賣方著重的問題太廣泛）。和決策者對談時，並不是進行開發的時機或場合。業務員可以向資深主管提問，但應該提出策略性的問題（「為什麼」的問題）來理解理論。賣方最應該做的事不是提問，而是針對資深決策者的問題提供答案。Gong公司的一位客戶這麼說：「你（業務員）的工作不是問我煩惱什麼，而是告訴我解決方法（答案）。」

多方銷售的答案

Gong公司的人工智慧發現，買方多半傾向達成交易，而不是放棄交易。要達成交易，賣方平均要直接接觸三位以上的買家（通電話或直接碰面）、透過電子郵件聯繫的人數達八人以上。相反的，失敗的交易平均只會直接接觸到一位買家，透過電子郵件聯繫的人也只有三人。多方銷售表示在銷售對話中刻意和買方公司的好幾個人接觸。AQ有好幾種實踐法可以運用在多方銷售上。首先，賣方公司必須針對每一位買家詢問與回答各自的問題，將每個人視為獨特的個體對待。其次，由於需要和多位買家聯繫，必須運用多種答案類型才能吸引到所有參與者。舉例來說，某位買家可能屬於分析分格（偏好理論與概念），但第二位買家可能屬於關係風格（喜歡故事與譬喻）。因此，賣方可能要運用高AQ實踐法2來回答兩次，才能回答「為什麼」的問題（故事和理論）兩次，以便吸引兩位買家。此外，個別買家可能位居幕後，沒有參加銷售對話，所以賣方需要推測並且為這些人提供他們想知道的答案。第三，精明的賣方會多方衡量買家的答案，以便了解產品的弱點或是買家可能提出什麼異議。舉例來說，賣方可能會請每一位買家說一件事來闡述問題。如果買家的故事都不一樣，代表他們對於需求的想法很不同，銷售上可能有問題，或者達成交易的過程會更加複雜。

12
培訓AQ

布萊恩・格里布考斯基博士
人力資本管理公司負責人克里斯・弗睿保博士

克里斯・弗睿保博士（Chris Freiburger）是人力資本管理公司（Human Capital Management Group, Inc.）負責人，擁有超過27年的工業組織心理學經驗，運用知識讓企業在人力資本上的投資充分發揮價值。他尤其擅長協助企業挑選與培養高階主管、培訓主管與領導人才、評估企業效率、建立團隊，以及用商業策略與目標整合人才管理系統與公司文化。他是打造頂尖人才公司的專家，參與超過3000次頂尖人才評估，並培訓無數行業的上千名高階主管。

本章摘要：培訓對高階主管的專業發展而言很重要。本章重點在於培訓Q，檢視主管級的教練如何協助客戶找出重要的答案，解決阻礙職涯或潛力發揮的急迫問題。本章根據弗睿保博士培訓數百名客戶的經驗，集結成培訓AQ。我們建議培訓要執行長達數週或數月，並提供一連串廣泛的答案，首先強調分析層面（理論與故事）來釐清問題，接著以關係層面（故事與譬喻）找到對個人的意義，最後轉向實際層面（程序與行動）做出必要改變。其次要檢視高階主管的共同缺點，也就是無法以分析方式（理論與概念）定義問題，往往喜歡對商業世界的運作自說自話，或是只會採用自說自話（故事答案）的方式。最後，因為溝通很微妙，所以弗睿保博士認為答案的高度就在於：在高風險培訓中給出恰當回答的能力。

目標讀者：主管級教練都應該閱讀本章節。此外，受訓的人也應該閱讀本章，以便深入了解掌握世界所需的答案。最後，培訓別人是任何一位主管、同事、在家裡面對兒女的父母都可以派上用場的技能。所以說，本章討論的溝通技巧可以應用在非常廣泛的對話場景中。

圖12.1　培訓AQ是在培訓過程中提供答案的能力

各位可能參加過培訓，或者曾經培訓過別人。在人力績效管理中，教練的定義是「和客戶在相互啟發、有創意的過程中合作，讓他們可以發揮最大的個人與專業潛力」。[1] 教練制度有很多種模式，包括上對下（主管對部屬）、同儕之間、團隊內部，或是跨組織（例如第三方教練）等。

本章將從下列面向來說明培訓AQ。首先，答案有沒有輕重緩急？教練能幫助受訓者了和與自身問題相關的六個答

1　International Coaching Federation, 2020.

教練與其他協助發展的角色有什麼不同？＊

1. **顧問**會（透過策略、架構、方法）提供答案來解決商業上的問題。教練則著重提問，並幫助受訓者確定答案。
2. **導師**著重在職涯與業務傳承，重點在於幫助受訓者接續導師所做的事情。教練則是著重在釐清狀況，但重點是讓受訓者找出自己獨特的道路。
3. **教師**是傳授知識內容的專家，教練則協助受訓者發現屬於自己的知識。
4. **輔導員**是管理流程的專家；教練則聚焦在建立互信的夥伴關係，再從中探索並找出解決方案。

---

* Bozer, G., Jones, R. J., Bozer, G., & Jones, R. J. (2018). Understanding the factors that determine workplace coaching effectiveness: A systematic literature review systematic literature review. *European Journal of Work and Organiza- tional Psychology*, 27(3), 342–361. https://doi.org/10.1080/1359432X.2018.1446946.

案。舉例來說，如果受訓者的問題是和部屬之間的衝突，那麼受訓者便需要知道：為什麼會發生衝突（理論答案）？或者什麼行為（行動答案）引發了衝突？依此類推，受訓者需要探索並理解六種答案（故事、譬喻、理論、概念、程序、行動）。弗睿保博士根據培訓數百名客戶的經驗歸納出「三步驟模式」，針對教練關係，第一步要找出分析風格的答案（理論與概念），接著是關係風格的答案（故事與譬喻），最後則是實用風格的答案（程序與行動）。

其次，我們會檢視高階主管階層客戶容易犯的錯誤，那就是他們沒有分析風格的答案。雖然我們常認為高階主管很精明，他們事實上也是如此，但是最重要的決策往往需要直覺與說故事的能力。尤其是在培訓高階主管時，經常會著重在軟技能（例如領導力、團隊動力與衝突管理）。每當找到令人信服的理由來解釋問題時，高階主管通常會相信自己的直覺。然而，如果不能將說法轉化為有說服力的理論（或者以商業說法而言，也就是一個令人信服的策略），這個問題可能有處理方式過於表面的隱憂。舉例來說，羅恩・詹森（Ron Johnson）當上潘尼百貨（JCPenney）的執行長時，套用他在蘋果當主管時「販售故事」的經驗。蘋果公司的每一家店面都有一個「天才酒吧」，就像客戶的顧問一樣。他把這樣的顧問敘事套用到潘尼百貨，將天才酒吧改版成「小鎮廣場」。但是，這個做法大錯特錯。他當上執行長的18個月內，潘尼百貨的銷售額跌了三分之一，公司損失10億美元，詹森被迫卸任執行長。[2]

第三，以某個標準來比較答案，找出什麼時候比較適合提高或降低答案的等級（例如分享想法、對話時間、深度和／或廣度），這稱為答案的幅度。本書中提到的五個高AQ實踐法很好運用，但是要找到正確的幅度不太容易。弗睿保博士提供一些方法，可以適當調整培訓AQ的對話。

順序：分析、關係、實用

教練的定義是：

> 引導者（教練）與參與者（客戶）之間的蘇格拉底式對話。引導者使用的大多數方式都是開放性問題，目的是激發參與者的自我覺察與個人責任感。
>
> ——Passmore & Fillery-Travis, 2011, p.74

在AQ中，教練與受訓者之間的對話圍繞著六種答案類

2 MacShane & Von Glinow, 2015.

型（理論、概念、故事、譬喻、程序、行動），教練希望協助受訓者理解這六種答案。教練可能會請客戶分享一個有意義的故事，或者找出有用或沒效果的行動。以此類推，教練便能幫助客戶找出六種答案類型。經過數週或數月後，將受訓者說過的話串在一起檢視，整體樣貌便會浮現。弗睿保博士的培訓經驗說明，客戶關係首重分析風格的答案（理論與概念），接著是關係風格的答案（故事與譬喻），最後則是實用風格的答案（程序與行動）。

步驟1：分析風格的答案（理論與概念）

弗睿保博士的一位客戶瑪蒂極為聰明、創業能力很強，還擁有頂尖商學院的企業管理碩士學位，前途一片光明。但是，她正在為團隊的事情煩惱。她對別人的要求很高，如果沒有達到這些標準就讓對方走人。她有個助理還沒做滿三個月就被炒魷魚了。第二次機會或體諒是例外，不是常態。她的團隊成員經常會因為表現不佳而感受到她的失望情緒；但表現出色時，她也會大力讚賞。這兩個極端正是問題所在，她的組員不知道下一秒會得到讚美還是遭到怒罵。

團隊一起工作的主要障礙在於，團隊成員無法理解她心中的標準（AQ中的理論）。培訓是一個以目標為中心的活動，首先要了解受訓者的目的，所以教練必須了解受訓者心理的理論基準。以這個案例來說，弗睿保博士問她：「妳的目的是什麼？」她回答：「我想要帶來耳目一新的改變。」弗睿保博士問道：「怎麼樣會帶來耳目一新的改變？」她回答說：「團隊要創新。」原來她心裡認為「創新→令人耳目一新的改變」，而這就等於成功。當然，實際上培訓並沒有那麼簡單，我們用了好幾堂課才找出這個內心的理論。然而，一旦內心潛在的理論浮現出來，她就能夠確切的把這個理論傳達給團隊成員。她的團隊需要了解她的標準，他們需要了解遊戲規則。當她分享自己內心的理論後，他們便能明白要如何達到她的期望。著名的印地賽車手馬里奧・安德烈蒂（Mario Andretti）說：「如果沒有撞車，代表開得不夠快。」瑪蒂就像賽車手，車速很快，不會因為撞到你而減速，有時反而會留下殘骸。在她表達自己的想法後，大家能夠理解她。她說的有道理，大家也明白了。的確，工作時還是會有煙硝味，但大家能夠預測她的標準了。她與團隊的關係也因此改善。

這個例子說明，領導者與團隊心理有共同的準則，對大家都有好處。這是真的。更廣泛的說，理論代表的是讓受訓者在定義問題或機會的過程中建立自我覺察。舉例來說，弗睿保博士的另一個客戶湯姆才40多歲，看起來卻像20幾歲。湯姆很想升職當資深主管，但沒有人認真考慮過他。湯姆向弗睿保博士抱怨：「我就是沒有得到應得的尊重。」弗睿保博士說：「他們為什麼不尊重你？」湯姆說：「我看起來太年輕了。」弗睿保博士和湯姆關係很好，所以很直接的問了一個問題，他說：「你覺得是因為你看起來太年輕，還是因為你表現得太不成熟？」湯姆如同醍醐灌頂。他的確表現得不太成熟，他沒有為自己做的事情或造成的結果負責、老是怪罪別人，這就是問題所在，湯姆需要讓自己的所作所為配得上他想要的職位。湯姆第一次看清理論在於「做事像個主管→晉升」。對於瑪蒂、湯姆或任何受訓者來說，弗睿保博士首先會幫助他們了解自己心裡的想法或理論，這是培訓的核心。一旦找出心裡的想法，注意力就會轉移到相關答案上，也就是找出故事與譬喻，來支撐需要時間與挫折考驗的專業發展。

步驟2：關係風格的答案（故事與譬喻）

在大多數企業裡，基層主管與高階主管都很努力工作，畢竟事情做得快才有獎勵。在這種情況下，教練要承受很大的壓力，會從診斷問題（步驟1）直接跳到程序與行動（步驟2），略過故事與譬喻（步驟2）。如果培訓方法（程序與行動）沒有結合故事與譬喻，那麼步驟3便失去個人意義，然而只有對症下藥，才能夠持之以恆。

無論是什麼樣的培訓，將冰冷的抽象概念與理論轉換成有個人意義的故事與譬喻都很重要。想像一下，父母就像教練。弗睿保博士和許多父母一樣，都希望女兒永遠不要害怕失敗。這個概念在他女兒的腦中很抽象，接著有一天，生活中的一次經驗讓這個永不放棄的抽象概念變成一個故事，於是這個經驗從童年到長大成人都一直鼓勵著她。

故事發生在他的女兒小時候參加的一場跨欄賽馬比賽。只有進到賽馬場，選手才會看到障礙物順序，這樣做是為了排除事前準備，比如預想如何通過危險的彎道與跳躍障礙。進入賽場後，弗睿保博士問：「妳覺得怎麼樣？」他的女兒顯然很緊張，所以她回答：「希望我可以跨過每一個跨欄，我要慢一點。」弗睿保博士回問：「如果不快，有辦法贏嗎？」她回答：「沒辦法。」弗睿保博士說：「妳要重新考慮一下這個方法嗎？」她很有實力，也很想贏。於是，她重新思考策略。輪到她上場的時候，她像飛出地獄的蝙蝠一樣衝出來，速度快到弗睿保博士因為擔心她的安危而放下了手上的攝影機。直到最後一個跳躍，那是一個髮夾彎跳躍，馬兒衝出賽道。她輸在最後一扇門，就差五秒鐘。比賽結束後，她沮喪的走出來。弗睿保博士說：

妳贏了。如果沒有嘗試，才是失敗。這是巨大的勝利，因為妳突破心理障礙。大多數人在比賽開始前就輸了。隨著時間過去，他們只是在人生中的賽道裡重複打卡，卻沒有改變。我希望妳始終有目標、爭取勝利、並認真投入妳做的任何事情。

賽馬的故事是弗睿保博士家的試金石。這個故事傳遞重要的家庭價值觀：勇於接受失敗。「勇於接受失敗」是一個概念，表示要勇於嘗試，失敗也沒關係，而不是連嘗試都不敢。對每件事都付出百分之百的努力，還要承擔一定的風險。只有當這個概念轉化為故事時，才會成為弗睿保博士的女兒的個人與職涯動力來源，能夠不斷勇於接受失敗（程序與行動）的能量來源。譬喻與故事對基層主管或高階主管的培訓都同樣有關鍵作用。故事與譬喻」（關係風格的答案；步驟2）是一座情感橋梁，能夠將理論與概念（分析風格的答案；步驟1）和程序與行動（實用風格的答案；步驟3）聯繫起來。

步驟3：實用風格的答案（程序與行動）

如果受訓者從相關理論與概念理解問題（步驟1），並且已經用故事與譬喻建立情感聯繫（步驟2），那麼執行改變的實際程序與行動（步驟3）就會比較容易。隨著資歷增加，受訓者會對設定目標的程序、SMART目標以及專案管理方面更有經驗，這使他們能夠在培訓時找出並執行和改變有關的行動計畫。如果受訓者的經驗比較少，那麼教練便會在他確認達成目標的程序與行動上扮演更重要的角色。此外，無論資歷多寡，在弗睿保博士要求受訓者注意的特定技巧與行動上（如何帶來影響、如何更精確的溝通等）都還是會存在盲點。此外受訓者還有個體差異，所以協助受訓者執行程序與行動、找到屬於自己的挑戰，也是教練很重要的工作。最後，教練還有一個重要作用，那便是持續加強實用風格的答案（程序與行動）和其他四種答案之間的聯繫。舉例來說，執行行動計畫時，可以連結到相關理論與故事，來強化重要的理論基礎（為什麼會發生變化）。最後一步則是融會貫通，教練在推演與促成實用風格的答案時扮演重要角色。沒有程序與行動，就不會帶來真正的變化。

分析盲點

弗睿保博士有一位客戶之前是檢察官，後來轉職進入一間全球律師事務所。他會從個人的生活經驗得到工作相關的靈感。舉例來說，如果他的兒子從足球教練那裡學到有用的道理，他就會把這個道理帶回律師事務所。他會反芻足球故事，並且像兒子的足球教練一樣給律師事務所建議。他的建議全都來自個人的生活，全部都是故事。因此，他能夠在「為什麼」的問題上讓大家產生共鳴。他得到很多讚美，但也因為他只會這招而受到很多批評，畢竟一切都只出自他的個人經驗。

最大的問題是，他把故事與理論混為一談。讓人有共鳴的個人故事不一定適用於公司。因為沒有過濾器，他像是被囚禁在自己的故事裡。如果生活中的某件事觸動他，他便會立刻轉譯到工作上和同事分享。雖然理論與故事息息相關，在AQ環狀圖上彼此相鄰，但卻不能混為一談。舉例來說，關心員工的敬業度曾經蔚為風潮，到任何企業都可以聽到幾十個故事，而且這些故事讓大家對員工敬業度有情感共鳴。布萊恩與加拿大一間大型銀行聊過以後，銀行發現員工敬業度廣泛得到內部支持，多半是因為一些趣聞軼事。這間銀行分析這些故事，用商業分析來測試員工敬業度，卻發現統計證據無法證明員工敬業度會對銀行重視的面向有所影響。這個結果潑了一盆冷水給講故事的人，但也因此引發大家對員工敬業度（概念）更廣泛、更深入的討論，探討理論是否會對銀行造成重要影響。弗睿保博士對這位律師的建議是：從分析風格的答案開始。律師需要有自己的概念與理論，這些概念與理論和指導建議、文化、商業策略，以及律師事務所的其他發展重點有關。一旦有了概念與理論（步驟1），便如同有了一個過濾器，可以用來評估關係風格的答案（步驟2）以及實用風格的答案（步驟3）。布萊恩在和企業與學生（大學生與企業管理碩士）共事的過程中，也有類似的發現。他發現大家似乎傾向把故事具體化、將理論棄之不顧。也許故事與譬喻的地位提升了，因為更有情感吸引力。也許程序與行動的地位也提升了，因為是具體做法，更容易看到成功或失敗。相反的，概念與理論很冰冷，沒有情緒又抽象，雖然這兩者都經過統計驗證與邏輯測試，卻是相當困難，也可能因此更容易被操控或混淆。

答案幅度

> 如果音量太大，只會聽見噪音，聽不見樂器一起演奏音樂的美好。
>
> ——弗睿保博士

在音訊系統裡，振幅是訊號隨著時間（聲波週期）高於參考點（波峰）與低於參考點（波谷）的程度。同理，和基準線相比，溝通上的問題與答案類型也會有一定的幅度。身為高階主管的教練，弗睿保博士的客戶群是很挑剔的聽眾，所以會期待很真實的對話。在這種情況下，教練最好可以抓到問答的適當幅度。

演奏會之前，樂器都要調音。同樣的，培訓大部分時間在於解決實質問題之前建立的連結與確認默契。舉例來說，一位高階主管分享了一段故事，教練便會分享一個譬喻，確認教練與受訓者彼此理解。

進行實質對話時，要找到正確的答案幅度，就要運用五個高AQ實踐法。舉例來說，客戶提出重要問題，詢問為什麼需要推動改變的原因，可以透過理論與故事來回答兩次（高AQ實踐法2；參見第5章），分別引起主管的客觀與主觀感受。然而，對話進行時，僅僅公式化的採用五個高AQ實踐法不夠。回答一個答案可能就會花掉太多時間，或者一次講很多種答案就會卡住。

對話中正確的答案幅度很微妙。舉例來說，對主管級客戶而言，30秒的故事通常比5分鐘的故事更好。但是，偶爾講個5分鐘的故事，再加上教練無可挑剔的傳達方式，也是必要的做法。不過，並非每一次對話都要提供六種答案。如果問題出在程序上，加進故事可能會分散會議的實際焦點。除此之外，另一個大問題是過度使用答案，而對方早就已經接收到資訊。想像你去一間汽車經銷商，明明已經下定決心要買車，但是如果業務一直推銷，你可能就不買了。如同你把支票拿出來，對方就不會再推銷；如果答案很有說服力，就不必再多說。

不過，跟著教練練習運用六種答案可以拓展思維。不像前文中過度依賴故事的律師，被打上只會講故事、一招打天下的標籤。這樣很不好，而更糟糕的是，他可能開始用故事看世界，失去其他答案類型的平衡視角。例如，他不重視測試程序，而且故事中的解決方法往往沒有實際效果。

教練失敗的另一個原因是沒有掌握對話。想像一下，一位高階主管提出一個「怎麼做」的問題，但身為教練的你發現他們並不了解大局。此時要掌握對話，可能要提出：「也許我能告訴你的最好方法，就是先說個故事，說明為什麼先做這件事很重要。」教練必須透過問答引導受訓者建立洞察力與察覺關聯。這需要有效掌控問答，以及將對話轉到不同方向的能力。提問與回答是一種策略，提出哪個問題、回答哪個答案，以及問答順序都會決定成敗。

最後，要讓音訊保真，就要詳細閱讀設備的使用手冊，確保揚聲器設定得剛剛好。同樣的，專業的教練會注意到各種線索，確保對話進展順利。舉例來說，如果受訓者在對話過程問的問題愈來愈好，那就是好徵兆。注意對話的細微反應，如果對方說對或是點頭，那就代表進展順利。如果他們說不對或是側身搖頭，那就表示對話不太順利。仔細觀察並回應對方可以確保對話不離題，這樣才能滿足挑剔的客戶，並且超過他們的期望。

13
品牌AQ

布萊恩・格里布考斯基博士
企業管理碩士、非營利LIMRA領導培訓機構、波士頓互助人壽保險公司董事長、執行長暨總裁小保羅・柯嵐多

小保羅・柯嵐多（Paul A. Quaranto, Jr）於2012年被任命為波士頓互助人壽保險公司（Boston Mutual Life Insurance Company）總裁，成為公司自1891年成立以來的第七位總裁。隨後，他在2014年被任命為執行長，並於2016年擔任董事長。在他的帶領下，波士頓互助人壽保險公司的財務穩健，並定位未來將著重在個人與工作保險的利基市場。他最近剛慶祝過在公司工作的30週年。

柯嵐多也為美國人壽保險公司（American Council of Life Insurers，簡稱ACLI）的董事會服務，擔任董事會執行委員與執行長顧問，職務內容涵蓋重大議題、消費者議題，以及稅收相關問題。除了擔任美國人壽保險公司政治行動委員會（Political Action Committee）主席外，他也於

2019年10月被任命為「ACLI論壇五百大理事會」主席。

柯嵐多是科爾比學院的行政科學學士、安娜瑪麗亞學院的企業管理碩士，也是LIMRA領導培訓機構（LIMRA Leadership Institute Fellow，簡稱LLIF）的研究員。

公認壽險師、微星科技、波士頓互助人壽保險公司執行副總裁既對外事務與企業溝通負責人大衛・米歇爾

大衛・米歇爾（David C. Mitchell）負責促進波士頓互助人壽保險在業內與當地社區的關係，監督企業公民計畫，並管理公司整體行銷與溝通策略，包括品牌與企業溝通。

米歇爾為緬因大學學士、美國東北大學的創新碩士，並在美國學院榮獲公認壽險師（CLU）認證。

本章摘要：129年來，波士頓互助人壽保險公司的BML品牌定位以家庭為主。高階主管便是這間企業品牌的門面。本章由本書作者與波士頓互助人壽保險公司的兩位高階主管（柯嵐多與米歇爾）共同完成，探討波士頓互助人壽保險公司如何用AQ來凸顯並打造BML品牌。傳統品牌行銷的共同缺點是，短視的將品牌當作故事來宣傳。沒錯，故事很重要，但品牌應該包含所有六種答案：故事加上其他答案（理論、概念、譬喻、程序、行動）。此外，本章也探討如何將品牌與AQ連結起來，作為企業內所有大小決策的準則。

目標讀者：負責企業品牌的高階主管都應該閱讀本章。粗淺的瀏覽過這本書，會覺得六種答案類型沒什麼。但是，在許多情況下，例如品牌行銷，並不是所有答案都是好答案。本章將探討波士頓互助人壽保險公司如何結合AQ打造品牌，透過本章案例可以充分看到AQ的潛力。最後，可以將品牌替換為任何事情（銷售、工作面試等），並且思考在最重要的對話裡，哪些答案更有意義。

圖13.1 品牌AQ是針對員工、消費者與其他利害關係人提供品牌相關答案的能力

品牌的六個面向

印度寓言中，六個盲人聽說有種動物叫做「大象」，但沒有人真的摸過。他們找到一頭大象，要用他們的觸覺來感受這種動物。每個人摸了大象的不同部位，並且告訴彼此這種生物長什麼樣子。一位盲人摸到大象的身體，說大象是一大面牆；另一個人摸到象牙，說大象是一根長矛；第三個人抓著象鼻說大象是一條蛇；第四個人摸了摸象腳，說大象是

一棵樹；第五個人摸到象耳朵，說大象是扇子；最後，第六個盲人握著尾巴說大象是條繩子。他們困惑又迷茫，對於大象的樣子無法達成一致的意見。[1]

盲人摸象的寓言和AQ有相似之處。大象的六個面向就如同六種AQ答案（理論、概念、故事、譬喻、程序、行動）。太多溝通者無法六種答案都消化，反而只擅長其中幾種答案，所以通常不同AQ風格會有不同視野。極端情況是，分析風格的人只喜歡理論與概念，關係風格的人用故事與譬喻感知世界，而實用風格的人除了行動與程序，則什麼也看不到。

本章講的是品牌AQ，主要是故事視角。我們用品牌搭配每一種答案類型進行關鍵字搜尋，「品牌故事」共有1200萬筆搜尋結果。但只看品牌故事太過狹隘，會讓人看不見全貌，品牌應該有六個方面。本章記錄波士頓互助人壽保險公司多年的努力，以及他們用六種答案傳遞品牌承諾的過程。波士頓互助人壽保險公司成立於1891年，是一間有129年歷史的盈利組織。2012年，在成功運營122年後，執行長柯嵐多決定是時候為已經很堅實的品牌錦上添花，才能讓投保人、保險經紀人（外部業務夥伴）、員工，以及更廣大的商

1 Saxe, 1936.

業社群對品牌有更多認識。我們（柯嵐多、米歇爾與我）一起挑選了一間公關公司。毫不意外的，大部分公司的簡報都是以波士頓互助人壽保險公司的故事為主。有了我對六個答案的初期研究（後來成為AQ的基礎），波士頓互助人壽保險公司才能看見除了故事以外的答案。

理論與概念

如同多數想做品牌行銷的企業一樣，波士頓互助人壽保險公司從品牌故事開始。他們建立跨部門、跨階層的故事委員會，任務是要找出公司的故事傳統。他們找到許多故

圖13.2　Google關鍵字搜尋「品牌＋答案種類」的結果
注：搜尋時間為2020年5月14日。

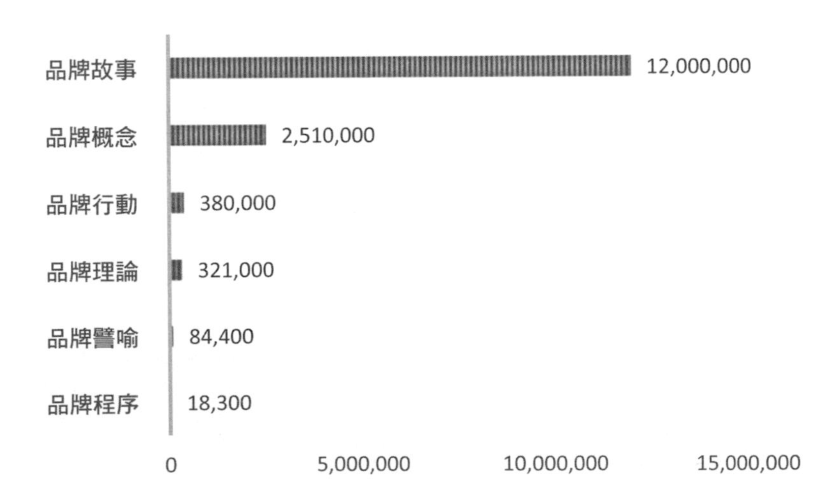

事，我則是負責將故事分類，找出既有模式。很顯然，這間公司是一個大家庭。從外人的角度來看，保險公司像一個大家庭並不奇怪。壽險是已逝者為了減輕喪葬費用並且給家人經濟保障而購買的無私產品。因此，壽險公司很常將自己與家庭連結在一起，例如美國家庭保險公司的公司名稱就有「家庭」這個詞。多數的壽險公司都會凸顯家庭的特徵，包含提到為家人提供保障、為家人設計的政策，以及家庭的重要性等都很常見。

故事委員會找到許多關於家人的故事，有些故事比其他故事更動人。因此，我們需要更嚴格的分析，以便確認對波士頓互助壽險公司來說，家庭的確切意義是什麼。我翻閱和家庭有關的學術文獻，找到「團結家庭理論」[2]。這個理論源於經濟大蕭條時度過難關的家庭。這些家庭有三個共同特徵：凝聚力、有彈性，以及良好的溝通。用AQ的語言來說，家庭的概念有了立體的面向。於是這三個面向便成為分類故事的標準。此外，凝聚力、彈性與溝通成為執行程序與行動的目標。舉例來說，波士頓互助人壽保險公司的客服業務透過展現凝聚力、彈性以及和客戶的良好溝通來打造「團結家庭」的品牌。

2 DeFrain & Asay, 2007.

我們接著討論家庭故事、譬喻、程序與行動。在這之前，需要再多討論一下指導波士頓互助人壽保險公司的團結家庭理論與概念。「團結家庭」是貫穿品牌後續發展的主軸，例如聘請公關公司時。最後，公司的標語與理念變成：「無論如何，家人最重要。」公司網站的主頁上，便簡明扼要的闡述了這個理念：

> 在波士頓互助人壽保險公司，我們有個簡單的理念，就是無論如何都要像對待家人一樣，以相同的付出對待與尊重每一位客戶與業務夥伴。我們的理念帶來巨大的改變，這個改變讓我們團結了129年。
>
> 是的，員工、投保人與保險經紀人並沒有血緣關係，但我們知道，家人就是一群始終支持彼此的人，這個聯繫使我們因此變得更強大。這也是為什麼在波士頓互助人壽保險公司裡，我們相信⋯⋯無論如何，家人最重要。
>
> ——波士頓互助人壽保險公司

波士頓互助人壽保險公司的「無論如何」理念來自於

經濟大蕭條時期，在這個慘淡的時刻，最需要家人團結在一起。本章是在新冠肺炎全球大流行的早期寫成，而我們並沒有忘記，這是另一個「無論如何」的時刻。波士頓互助人壽保險公司的決策準則就是，用這三個團結家庭的定義問自己，家人會怎麼做？舉例來說，這間公司的品牌手冊裡，進一步闡述了團結家庭的概念。確切的說，要在彈性與凝聚力之間找到平衡。換句話說，太多或太少的彈性或凝聚力都可能失衡。用圖形來表示的話，彈性與凝聚力有曲線關係（見圖13.3 (a)）。相比之下，溝通則是線性關係，也就是愈多愈好（見圖13.3 (b)）。

溝通愈多愈好很容易理解。舉例來說，波士頓互助人

圖13.3 (a) 彈性或凝聚力與相關好處的曲線關係
(b) 溝通與相關好處的直線關係

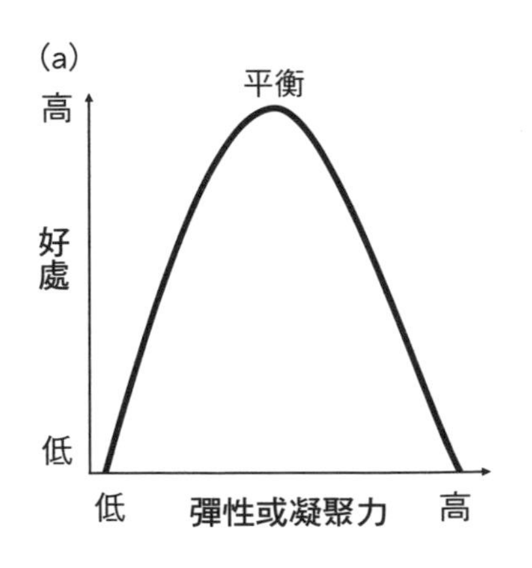

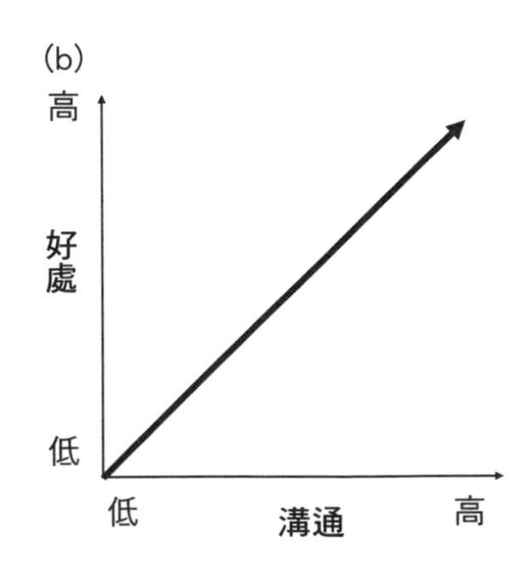

壽保險公司的團隊成員會定期用好幾種方式（電子郵件與電話）溝通，確保訊息傳達出去。相反的，太多彈性或凝聚力是好是壞？這就不太好懂了。但是，過於團結和／或過於彈性都是有可能發生的狀況。有一次，公司某個部門就出現凝聚力與彈性太多的問題。這個部門的成員對外部業務太好，員工出於好意想盡量讓外部同事開心。這種凝聚力導致外部業務提出個案的特殊需求時，員工沒有照著既有的程序處理。當這樣的員工缺席、調動或不再做這份工作時，事情就會變得很棘手。業務夥伴會因為不再得到特殊待遇而抱怨。從營運或財務的角度來看，這樣的商業模式很難持續。在一個家庭裡，資源管理的準則必須統一，這樣對所有成員都好。

要和員工、保險經紀人或利害關係人一起設定期望目標，「團結家庭」的概念有兩層面向可以遵循。首先是簡易的經驗法則；具體來說，應該要平衡好彈性與凝聚力。並且每當有疑問時，要更頻繁溝通。以許多對話來說，採用簡單的經驗法則就足夠。如果有人偏離「團結家庭」的原則，主管的一句話或是在集體會議時強調一下，可能就足以調整回來。

其次，「團結家庭」的概念中包含精準的原則，其中的面向（彈性、凝聚力與溝通）都可以再細分。舉例來說，彈性包含四個次要面向（變化、原則、領導力與職務分擔），而這些次要面向的明確程度，可以加深大家對概念與溝通細項的理解；像是公司有特定的行銷素材來加強彈性的次要面向。此外，了解次要面向也對其他答案類型有好處。好比藉由「職務分擔」的概念，波士頓互助人壽保險公司將職務分門別類，用在客戶服務培訓，或是針對客服擬定特定的程序，方便大家一起分擔職務。

波士頓互助人壽保險公司的「團結家庭」價值觀			
彈性			
次要面向	**失衡（太隨便）**	**平衡**	**失衡（太死板）**
改變	太多改變	必要改變	太少改變
原則	沒有標準	民主標準	嚴格標準
領導力	缺乏領導	權力共享	威權式領導
職務分擔	職務變動大	共同分擔	職務一成不變
凝聚力			
次要面向	**失衡（太疏離）**	**平衡**	**失衡（太靠近）**
興趣	關心自己，不管別人	關心自己，也關心別人	不關心自己，也不關心別人
解決問題	各自為政	互相依靠	過度依賴
溝通			
次要面向	**強烈家庭屬性（愈多愈好）**		
誠信	強調始終坦承與真心。		
影響	家人會努力改變，不會浪費溝通的機會，並且會清楚表達想法。		

（接續下頁）

傾聽	同理、認真傾聽、給予回應。
即時	需要的時候就溝通。

* 問題解決包含三種行為（確認問題、尋找替代方案、價值分配）。當解決方法找到平衡，結果便是雙方高度相互依賴，因為雙方都已經找到問題癥結，評估解決方案後，便能夠讓雙方都獲益（雙贏）。

來源：DeFrain and Asay (2007)

概念加上因果關係，就變成理論。「團結家庭」理論模型如下圖所示。也許不太明顯，但家庭其實是以目標為導向的。度過經濟大蕭條的家庭在彈性、凝聚力和溝通方面都很優異，因為他們的目標是「生存」。除了生存之外，傳統家庭還有許多其他的目標。例如，努力讓女兒成為第一個大學畢業生。家族企業的目標是盈利和持續經營，因此一起努力將企業代代相傳下去。

圖13.4　團結家庭模型

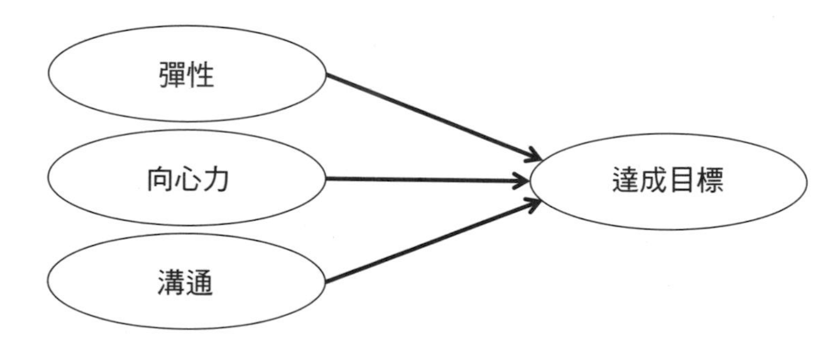

當然，企業通常都會在公司、部門、團隊和員工個人層面設定目標。波士頓互助人壽保險公司將傳統業務目標與團結家庭的核心傳統連結起來，實現目標時就有了額外的意義。簡而言之，作為一個大家庭，如果有彈性、凝聚力與良好的溝通模式，那麼就可以達成各個層面的目標。以「團結家庭」的理念來經營，確實對波士頓互助人壽保險公司很有益處。2017年，他們在國家認可壽險機構中的評級顯著提升，從A-到A。以同樣規模的公司來說，這是一個格外引人注目的成就，因為通常只有大型壽險公司才會得到A等。除此之外，波士頓互助人壽保險公司已經連續16年獲利增長，並擁有許多世代的客戶，這證明「團結家庭」這個品牌很持久，而且有一定的客戶黏著度。

故事與譬喻

以「團結家庭」理論為重點，故事委員會根據團結家庭的三個面向（彈性、凝聚力與溝通）來分類故事。鼓勵員工在行銷場合、網站、產業活動以及日常對話中分享公司故事，並挖掘更多和「團結家庭」品牌一致的故事。「團結家庭」的面向就是重要主軸，為波士頓互助壽險公司的故事指引方向，定義了無形的結界。下頁表格是故事委員會整理的故事說明。

波士頓互助人壽保險公司是團結的大家庭，這是定義這間企業的譬喻。這間公司擁有129年的歷史，始終是個大家庭。品牌要傳達的是，波士頓互助人壽保險公司不僅是一個家庭，還是一個團結的家庭。團結的家庭有彈性、有凝聚力，還有好的溝通。一個有效的譬喻比陳詞濫調更有用，不只提供全新的視角，甚至是看似熟悉的家庭概念。理所當然的死板譬喻和意義飽滿的靈活譬喻的確有差異。團結的家庭（強調團結）連結到經濟大蕭條，增添了驚喜，重新讓大家了解家庭的真正意義。「團結家庭」這個譬喻為員工、投保人、合作夥伴，以及和波士頓互助人壽保險公司有接觸的人帶來愉悅的感受。

故事名稱	故事描述	團結家庭面向
親自送達	就在當地購物中心的轉角，發生一起搶案。那時是聖誕節，巡警被槍殺。被槍殺的刑警是波士頓互助人壽保險公司的投保人，我的同事想都沒想，就開著車到鎮上拿死亡證明，親自把保險理賠的支票送過去。	彈性
弄丟婚戒	我來這裡的前半年，就迎來了25週年結婚紀念日。我太太買了這枚戒指給我，但尺寸太大了。她告訴我：「不要戴。」但我還是戴上。不到半天，戒指就從我的手上消失了。我想說完蛋了！我原路返回，去了洗手間，沒找到。	凝聚力

	總之，麥可（波士頓互助人壽保險公司的員工）與莎拉*（她在清潔公司工作，也是波士頓互助人壽保險公司大家庭的一份子）幫我在垃圾堆裡挖了兩個多小時。他們手腳並用，我們差點就要放棄，但終於在最後一袋垃圾裡找到戒指。 這些人甚至不認識我，卻願意弄髒雙手，這讓我非常驚訝。你也知道垃圾堆裡有多髒。我也在現場，但我太慌張了。我在那裡，是因為戒指對我來說很有意義，但他們卻願意捲起袖子幫忙。找到戒指時，我太開心了！我寄了封信給保羅・派特瑞（Paul Petry，波士頓互助人壽保險公司前任執行長）說：「我想告訴你，我對你們公司的人很激賞。他們願意在我手足無措的時候陪著我。」他的回信很簡短，只說：「嗯，我們公司的人就是這樣。」	
付款錯誤	一位老太太要匯9.60 美元給我們，結果匯成960美元。我馬上打電話給這位老太太，因為因為我知道她一定急壞了。我們馬上把錢還給她。如果收到不屬於我們的支票，但知道這張支票是要匯給哪個單位，我們就會盡快將支票轉給該單位，例如貸款中心或類似單位，這樣付款人就不會因為延遲匯款而被收手續費。	溝通

＊人名為化名。

程序與行動

「團結家庭」理論提供三個執行程序與行動的目標（彈性、凝聚力與溝通）。品牌培訓課程中，員工會清楚明白平衡彈性與凝聚力的抽象標準，但同時也保留最大限度的溝通。舉例來說，波士頓互助人壽保險公司的客服業務要知道，當外部業務夥伴有特殊要求時，他們應該要詢問幾個問題，以便充分了解這項要求；這一個行動可以將溝通最大化。此外，在記錄特殊需求的過程中，客服業務能夠將要求細分成更小的要求，然後對照現有的解決方案。這個做法大幅減少特殊要求的數量（預防彈性過大），因為這些要求大多數都已經有現成的解決方案。只有當沒有現成的解決方案時才會需要特別處理。此外，這些流程平衡了凝聚力，並保有良好的業務關係。滿足客戶需求的熱情還是在，但可以轉化為對所有相關人員最好的回應方式。總而言之，品牌培訓在建立明確的程序與行動時，也能平衡凝聚力與彈性，同時將溝通最大化，讓每個員工都是品牌代言人。

通常需要完成工作時，波士頓互助人壽保險公司會問：「一個團結的家庭會怎麼做？」（補充說明：這可以替換成任何概念，像是領導力、導師制度、創造力等；也可以用在任何職業領域，如銷售、行銷、客服等。）這些問題的答案就是每天的程序與行動。例如，柯嵐多就任執行長時，他問：「在執行長交接的過渡期，團結的家庭會怎麼做？」在傳統家庭裡，一旦出現變化，家庭成員就必須分享他們擔心與期待的事情。因此，柯嵐多利用小組會議聽取公司每一位員工的想法。在這個溝通過程中，好幾個地方都充分展現出團結家庭的樣貌。例如，傾聽（柯嵐多重視每一位員工）、誠信（會議內容保密）與即時（柯嵐多的行程裡優先安排這些會議，這樣才能盡快聽到所有人的意見）。在另一個例子中，有人問：「一個團結的家庭會怎麼提供客戶服務？」答案是，家庭成員針對需要的地方做簡報，家庭有變化時，保有職務分擔的彈性很重要。因此，波士頓互助人壽保險公司強調混合式培訓。這個簡單的提問技巧讓這間公司能夠將所有重點連結回「團結家族」的品牌概念。

總之，打造波士頓互助人壽保險公司的品牌有六個面向。從思想上來說，這間公司的品牌代表員工將「團結家庭」的概念與理論內化。員工想到家庭時，他們會想到團結的家庭、三個面向（彈性、凝聚力、溝通）以及團結的家庭要怎麼實現目標。從情感上來說，這間公司的品牌代表員工重要情感的內化（故事與譬喻）。公司內外都有生動的故事，可以帶來和「團結家庭」有關的正面感受。「團結家庭」這個譬喻很真實，是一個緊密且充滿情感的接觸點（touchpoint），以強化員工共同的身分認同。從實務上來說，「團結家庭」是日常工作的程序與行動的指引。當大師級的工匠拿起工具，就進入物我合一的境界，鐵錘變成手的延伸，手與木柄合而為一。同樣的，員工在執行所有程序與行動時，會習慣自然的將「團結家庭」理念當成工作的一部份。

環環相扣

> 向前看無法把事情連接起來，只能往回看。所以要相信，有些事情會在未來以某種方式連接起來。你必須相信一些事情，像是你的直覺、命運、生活、緣分等。這個信念改變我的生活，從未讓我失望。
>
> ——2005年賈伯斯於史丹佛大學畢業典禮的演說

2005年，賈伯斯在史丹佛大學畢業典禮演講時[3]，告訴畢業生，很多事情從事後看來，其實都是有所關連。相似

3 https://news.stanford.edu/2005/06/14/jobs-061505/.

的道理是，科學強調理論之間的交互關係，這稱為法則關聯（Nomological Network）。正如理論其他理論相互聯繫一樣，我們認為六種答案類型也是如此。舉例來說，本書當中有十幾個AQ的譬喻，包括本章將AQ譬喻為盲人摸到的大象（參見第4章AQ譬喻的說明表格）。每一個AQ譬喻都獨立存在，但可以交織在一起相互解釋並強化眾多AQ的面向。賈伯斯在他的演講中繼續說道，每個人都要找出這些關聯，並且在做出決定時以此為原則。可以說，品牌便是將所有大小決策聯繫在一起的核心力量。對於波士頓互助人壽保險公司來說，確實如此。

由於波士頓互助人壽保險公司希望將許多選擇聯繫起來，因此需要「團結家庭」品牌來作為指導方針。如果他們有自我覺察，而且夠努力，便可以評估某個決策（一件事）是否和「團結家庭」品牌一致，再決定是否要和這件事有所聯繫。請思考下述情況：許多企業都難以決定EQ對公司而言是否重要，波士頓互助人壽保險公司也不例外。接著，公司裡發生了一件事，經過內部反省後，EQ的重要性變得相當明確。這個故事由公司一位高階主管講述，並且由我記錄，出自公司幾年前一項研究資料。這件事從現任執行長柯嵐多與前任執行長派特瑞的一次會面開始。他們見面時，柯嵐多是資深副總裁，和時任執行長派特瑞產生新的職務關係。

> 柯嵐多講到，有一次他與董事長暨執行長派特瑞一起處理工作上的問題時，發生了一件事。派特瑞看到他在看手表便問：「你要去哪裡嗎？」柯嵐多說：「那個，我兒子有足球比賽，我本來想努力看看能不能趕上。」派特瑞說：「我可以和你一起去看嗎？」柯嵐多說：「當然可以！」於是他們一起去看了足球賽，而且派特瑞的加油聲音最大。這個故事是我們公司的傳奇，說明我們是一間什麼樣的公司。

在一次高階主管會議上（我與柯嵐多都有參加）有人分享了這個故事，連結到過去的事件後，說服了波士頓互助人壽保險公司的主管，決定將EQ作為企業徵才的一部分。我們來解釋一下。

如果再仔細想想，就會意識到這個故事和EQ有關。對於EQ這個概念（AQ的答案類型），常見的觀點是EQ包含三個面向：情緒感知、情緒理解與情緒調節。[4]確切來說，派特瑞注意到柯嵐多在看手表，這屬於情緒感知的例子。我們許多人每天都要開會，有多少人會忽略像是看一眼手表這

4 Joseph & Newman, 2010.

種反映出情緒壓力的細小線索？可惜我們很多人EQ不高，可能會在處理急迫的工作事務時（例如副總裁與執行長的會議！）忽略或感覺不到別人釋出的線索。但是，派特瑞並不是這樣，他注意到柯嵐多在看手表。在簡短的談話裡，派特瑞放大了這個小訊號，發現柯嵐多想參加兒子的足球比賽。一瞬間，派特瑞同理柯嵐多的感受，也許是想到自己的孩子還小的時候，以及家庭有多麼重要；這代表情感上的理解。最後至關重要的是，派特瑞能夠冷靜調整情緒，並（毫不猶豫）提議要和柯嵐多去看足球賽。再次想想，我們有多少人可以把情緒調整得這麼好？也許很多人覺得像是「那我們早點結束，也許你就可以趕上第四節比賽」這樣善解人意的回應就很好，但是，這就是一般EQ和高EQ的差別。

聽完這個故事以及對EQ的說明後，在場所有人都被說服了。接下來，大家繼續討論EQ是否和家庭有關。這部分沒有太多討論，大家直覺認為團結的家庭成員應該要有高EQ。幾個月後，我才想出應該如何解釋波士頓互助人壽保險公司的「直覺」，並且和班上的學生分享。

在課堂上，我說：「想像一下，你是家長，在孩子出生時可以為孩子選擇一項特殊能力。你的孩子可以很聰明（高認知智力），你的孩子可以很認真

（五大人格特質之一），或者你的孩子可以很為別人著想（高EQ）。你會選哪個？」

隨後開始課堂討論時，一如預期的出現三方陣營。然後，我再問：「哪一種能力對家庭最重要？」重新強調家庭的角度反而改變大家的觀點，所有人都舉手希望賦予孩子高EQ。我以一個結論結束討論：「父母都希望孩子有很多能力，但善待他人是在最優先的特殊位置。」

再回到波士頓互助人壽保險公司的高階主管會議，這個故事也可以反映出EQ的重要性（概念），兩個故事都和「團結家庭」這個品牌理念相關。然而，要了解EQ能不能提高公司的績效（理論：EQ → 工作績效），我們進行更深入的探究。一份數據整合的綜合分析研究檢視了EQ。確切的說，研究結果發現，在高情緒需求的工作（如客服或業務）中，情緒調節對工作績效有正面影響，但對於低情緒需求的工作（如會計師、電腦工程師等），情緒調節對工作績效則是負相關。[5]這些發現有一種解釋可能是，所有人都希望自己EQ高，但並不是所有工作都需要EQ。因此，對於

5 Joseph & Newman, 2010.

低情緒勞動的工作來說，EQ就沒有用處了。這個證據可以推出一個結論，那就是在波士頓互助人壽保險公司裡，只有高情緒需求的工作中才需要強調EQ。

波士頓互助人壽保險公司的高階主管更進一步提出一項假設。也許公司有情緒勞動的氛圍，在這種氛圍下，所有員工都很擅長處理情緒工作。主管都很了解這件事，但還有最後一個問題：波士頓互助人壽保險公司要怎麼將EQ帶進公司？大家都認同一個想法，將EQ當作挑選員工的標準。「團結家庭」這個品牌核心與EQ連結起來了，會議結束。

我們之前沒有提到這一點，但是將事情連結起來也是AQ六種答案的譬喻。波士頓互助人壽保險公司的成員真正了解「團結家庭」這個品牌的核心，因為所有答案（理論、概念、故事、譬喻、程序、行動）都息息相關。此外，正如賈伯斯在畢業典禮演講中所說的，每個人（我們將這個譬喻延伸到企業組織）都需要找到連結，將所有的大小決定串連起來。在波士頓互助人壽保險公司，這個連結點便是「團結家庭」的品牌。我們在EQ中加入各種答案來連結。足球比賽（故事）與EQ（概念）的三個面向有關，而EQ證實和波士頓互助人壽保險公司的工作績效有關（理論）。最後，波士頓互助人壽保險公司會在挑選員工時（程序／行動）將EQ納入考量。於是，我們可以進一步將任何和EQ相關的答案與任何和團結家庭有關的答案聯繫起來。例如，足球比賽的故事立刻被在場的人認為和家庭有關。還有，家庭氛圍也被納入EQ理論。以AQ的語言來說，各種答案將各種決策連結起來了。

14
理財AQ

布萊恩・格里布考斯基博士
經濟學與金融學助理教授、美國中北大學金融知識中心主任瑞恩・戴克博士

瑞恩・戴克（Ryan Decker）博士是中北大學（North Central College）金融知識中心（Center for Financial Literacy）的創辦人與負責人，也是經濟學與金融學教授。在資誠聯合會計師事務所（PwC）的國際金融事業成功後，受邀至中北大學任教。

特別感謝

感謝本章接受採訪的三位理財顧問。為了保持簡潔，一些採訪內容經過調整編輯。

- 戴維・弗特希（David Fortosis）：CFP理財規劃顧問，ClearCounsel顧問

- 安妮塔・諾茨（Anita Knotts）：企業管理碩士、卡拉莫斯資產管理（Calamos Wealth Management）資深副理、客戶關係管理負責人
- 彼得・帕歐利（Peter Paolilli）：私人理財顧問、企業管理碩士、歐塔投資顧問公司（Altair Advisers）董事

圖14.1　理財AQ是理財顧問和客戶對話時提供答案的能力

本章摘要：財富管理（wealth management）是為高資產與超高資產的個人客戶理財，包含投資管理與財務規劃。我們找出這兩個領域與AQ的關係，並且進一步分析。首先，我們檢視科技與答案的關係。在一個依賴人類與科技的產業中，我們探究人類要怎麼在這日益依賴科技的產業裡提供答案。其次，我們檢視客戶體驗（customer experience，簡稱CX）以及理財顧問與他們的機構，如何在處理個人財務問題時，精心策畫超越客戶期望的答案。為了提供產業視野，我們在本章採訪了三位理財顧問。

目標讀者：本章是為了理財顧問與從事顧問工作的人所寫。更廣泛的說，本章對任何以科技為人類提供答案的行業都有用，這其實幾乎囊括了所有行業。財富管理的客戶眼光獨到，他們有錢、有想法，也握有合作對象的選擇權。除了理財顧問，本章也適用於任何和敏銳溝通者的對話，這些溝通者更傾向評判（對話質量），也（對溝通對象）更有選擇權。

> 財富管理已經發展一段時間了，而我已經在這個行業超過28年。剛開始的時候，我把重點都集中在資產配置這種技術問題上。這和分析風格（理論與概念）有關。然而，隨著財富管理的發展，現在有一種更全面的財富管理概念，包含財富與規劃的相關討論。如今，我認為在和客戶的問答中，關係風格（故事與譬喻）更盛行。我們的客戶很多，所以必須知道要跟客戶約在哪碰面。
>
> ——安妮塔・諾茨（Anita Knotts）

前文引用的那段話和本章採訪的三位理財顧問的觀點一致。因為這段話，我們提出幾個和AQ相關的重點。過去幾十年裡，理財顧問強調的答案已經從分析（理論與概念）轉向關係（故事與譬喻），這種轉變和科技與資訊的發展息息相關。在科技還沒那麼進步的時候，理財顧問和自己管理財務的人都需要照著傳統的財務管理理論，用人工方式進行資產配置，但是有時候理論很複雜。隨著時間推移，這個角色已經由可以處理進階統計的電腦接手，速度比理財顧問更快、更有效率。同樣的，過去定期平衡資產配置的工作，都需要理財顧問手動操作，但隨著科技進步，這個重擔已經轉移給電腦。金融市場基礎領域也有顯著的科技進展，創造並提供了「組合型基金」。最常見的組合型基金是「目標退休基金」，讓投資者投資特定基金，接著根據電腦計算的資產配置再投資其他幾個基金。目標基金的資產配置通常會每年重新調配，好讓投資者可以在更短的時間退休。這些基金取代了曾經是由理財顧問（或個人）執行的繁瑣工作，而且適用於所有投資人。

與此同時，財富管理已經拓展到更全面的視野，更著重客戶的需求與目標，理財顧問經常要運用故事與譬喻，來和客戶溝通他們的需求與目標。雖然科技在進步，但電腦並沒有辦法自動以最人性化的形式（故事與譬喻）和客戶交流。因為如此，財富管理產業仍然需要「人情味」，而後端服務（例如資產配置、稅務軟體）則多半由電腦自動化處理。

隨著財富管理有了更全面的服務，理財顧問現在不僅要提供投資管理，還要提供稅務與遺產規劃。隨著服務範疇擴大，客戶的期望也提高了。因此，財富管理產業的主要重點在於客戶體驗，而客戶體驗在於如何在所有接觸點超越客戶期待。如果要和客戶有效溝通，我們就用理財顧問需要著重的回答風格來檢視客戶體驗。

人性、科技與答案

軟體正在吞噬這世界。

——馬克・安德森（Marc Andreessen）

在財富管理中，科技無所不在，可以是理財顧問的左右手，也可以取代理財顧問。在取代這一方面，取代者的名字叫作智慧型投顧（roboadvisors）；也有一個不斷成長的產業已經出現，叫作金融科技，它的競爭力在於透過科技提供金融服務。在極端情況下，已經不需要傳統的理財顧問（即人類）。人與機器的主題讓人想起《魔鬼終結者》（*The Terminator*）系列電影。許多行業都有不同的人類對上機器人的現象。智慧型投顧與金融科技已經進軍中產與小資投顧市場，這些投資者尋找的不一定是全面的財富管理服務。然而，服務高資產與超高資產客戶的理財顧問，已經看到科技的補強功能。事實上，比起積極管理賬戶，許多雇用理財顧問的大型金融機構，會用更低的價格提供客戶智慧型投顧服務。然而，由於財富管理方法愈來愈全面，重點不僅是財務諮詢服務，因此理財顧問仍可以透過稅務與遺產規劃，提供人性化的服務。

本章探討財富管理領域中人類可以提供的最好答案，

也會討論其他高接觸服務業的應用，以及相對於機器，人類需要做得更好的答案風格。

分析風格的答案（理論與概念）與科技

問到分析風格的答案（理論與概念）時，我們採訪的理財顧問默認了這類型的答案可以由電腦提供。他們認為傳統的財務管理理論分析出來的答案，和金融模型與演算法有關，大部分已由電腦與人工智慧自動化完成。例如：

> 科技可以顯示你的風險分數，以及資產應該如何分配。數據顯示，以相同的目標收益來說，定期執行再平衡可以減少目標變動，獲得相同的目標回報。理性投資者就需要這個，這樣做可以省下時間，或是取代理財顧問的角色，他們只需要管理一個賬戶就好。
>
> ——戴維・弗特希

然而，隨著變數增加，再加上每個人的情況都不一樣，人性化的決策在財務管理理論上仍然很重要。請見以下舉例說明。

> 如果客戶想知道「我的收入是X美元，我應該要選擇羅斯IRA還是傳統IRA？我的家庭目標是每月要存下2,000美元，這筆錢應該當退休金、大學學費、緊急備用金、頭期款，還是用來還貸款，或是安排某種資產組合，但是什麼才是對的組合？」科技還無法回答這些問題。儘管科技已經快要達到這個程度，但現在仍有不足。科技可以給出某種程度的建議，但無法根據某人的財務情境裡所有變數，給出完整的答案。
>
> ——弗特希

再深入挖掘，這些理財顧問的確提到，他們使用了許多非金融領域的理論。一位理財顧問討論到理性投資的局限，以及心理學對於了解客戶的情緒有多重要。事實上，行為金融學是一個完整的分支，目的在於了解心理學、社會學、神經學以及其他多種學科，對於經濟決策更廣泛的影響。由於客戶關係可以從很多角度來看，科技因此很難將行為金融學涵蓋的範圍全部自動化。正如獲得諾貝爾和平獎的經濟學家理察・塞勒（Richard Thaler）所說：「我預期在不久的將來，『行為金融』這個詞將被視為冗詞。還有哪種金融？」[1]。他在1999年發表的〈行為金融的終結〉（*The End of Behavior Finance*）文中很有先見之明的以此作為結論。塞勒的意思是，當牽涉到財務決策時，人類很不理智。行為金融學的研究目的在於，了解為什麼人總是會做出糟糕的、非理性的財務決策。所以說，理財顧問的工作便是指導客戶做出財務決策，並且鼓勵理智的金融行為。

在如同財富管理這樣複雜的銷售與顧問關係中，分析風格的答案（理論與概念）通常會不可避免的以微妙的方式存在，超出原本提供的服務，例如定義個人與他人的關係。在本章接下來的篇幅，我們會討論和客戶建立關係時，「信任」扮演的角色。採訪理財顧問帕歐利時，他率先介紹自己在生活中遵循僕人式領導，這是他進修企業管理期間學到的領導方式。經過確認，我們（我與戴克）在他的理財顧問公司網站以及領英個人檔案中，發現他多次提及僕人式領導。簡而言之，僕人式領導的概念對帕歐利來說很重要，這是他和客戶坦誠交流的方式。他認為僕人式領導是別人願意和他合作、並且信任他的原因。此外，接受我們訪談的每一位理財顧問，都有自己的理念與堅持，這些也就是AQ中的概念。這些概念定義了他們向客戶傳達的要素。

1 https://blogs.cfainstitute.org/investor/2017/10/09/nobel-laureate-richard-h-thaler-on-the-end-of-behavior-finance/.

總之，我在理財顧問的對談中發現，和金融管理理論相關的理論與概念，可以用電腦提供自動化的答案。我們不確定其他類型的回答風格是不是也可以自動化。確切的說，單一的分析視角（理論與概念）可以藉由科技自動化。然而，如理財顧問所說，當單一視角的內容愈來愈複雜（例如，傳統的金融管理理論中的變數數量），還牽涉到許多分析視角相互堆疊，例如行為策略提及的視角（如心理學、社會學）、個人理念（如僕人式領導）以及公司理念（如投資策略），要用電腦將重要對話中複雜的分析風格的答案全面自動化，就將是難上加難了。

關係風格的答案（理論與概念）與科技

我們訪談的每一位理財顧問都認為，故事與譬喻是他們和客戶交流時重要的回答方式。風險承受能力分數以及目標收益都可以計算，這和傳統的財務管理理論一致，但這些數據通常不會用人性化的方式和理財顧問溝通。看看以下這個虛構故事，可以知道如何透過故事來捕捉生活的細節。

想像有一對夫妻，他們來自不同的成長背景。丈夫在從不用為錢煩惱的環境中長大，銀行帳戶裡總是有錢。他的朋友們在62歲時退休，開心得不得了。丈夫向妻子抱怨，說他們的生活像窮人一樣，但妻子一心一意只想省錢。妻子的背景恰好相反，錢在她的成長過程中一直是個問題。對於理財顧問來說，這兩個人的故事都很重要。幫這對夫婦規劃財務目標時，我們發現他們能夠比計畫提前十年達標。因為理財顧問了解他們的背景，就能夠找妻子討論，為了婚姻幸福，他們其實可以降低儲蓄的比例。

——弗特希

普遍來說，跟客戶溝通目標時，通常不會用死板的財經術語。當理財顧問說：「您的目標是什麼？」答案可能是達到標準普爾指數，這是AQ中分析風格的答案。但客戶更常會用充滿抱負的故事來表達他們的目標，例如希望讓孩子讀完大學，或者希望可以留遺產給下一代。有效率的理財顧問會像鸚鵡一樣，重複客戶說的話來鼓勵客戶、和客戶重複確認，或是用金融行為學的方式引導客戶。此外，理財顧問可以用他們的故事讓溝通更有效。請參考下列例子。

當你和長字輩高階主管一起工作時，他們會想知道你也在和像他們一樣的人共事……。這就像集中交易單一股票……他們會想聽到「就像你一樣」開頭的故事。所以，故事很重要。

—— 帕歐利

溝通重要的財務管理理念時，譬喻也很重要。例如：

財務計畫就像蓋房子一樣，要先打地基，確保現金流、預算與保險。打地基很無聊，但沒有地基，你的房子不會穩固很久。

—— 弗特希

雖然可能會覺得故事與譬喻是人類的強項，但電腦很有可能只是還沒統治財富管理的關係型答案而已，不過可能有些時候，它們已經能夠做到了。有趣的是，電腦科學家是根據譬喻的思維模式來開發數學模型。這個模型稱為結構映射理論（structure-mapping theory），可以讓電腦用譬喻推理的方式來「描述事物、解決問題、指出因果關係，以及衡量道德困境」[2]。我們認為電腦可以發展出用譬喻（即前面提到的蓋房子譬喻）與故事（「就像你一樣」的故事），和客

2 https://www.mccormick.northwestern.edu/news/articles/2016/06/making-computers-reason-and-learn-by-analogy.html.

戶自然對話的能力。這是有可能的狀況，而且或許很有可能實現。這可以用人工智慧的形式，和／或者採用簡單的「如果……然後……」邏輯。將故事與譬喻分類、輸入數據庫，就可以供理財顧問（人類）或智慧型投顧（機器人）使用。

實用風格的答案（程序與行動）與科技

廣義觀點認為科技是「用來解決實際問題的方法、材料與設備。」[3]。科技成為任何可以提升工作效率的東西。所以說，鐵錘與輪子是古老的科技。因此，科技可以由電腦自動化操作（電腦技術），也可以是人為操作的程序與行動（人類技術）。我們訪談的三位理財顧問認為，人類與電腦技術在程序與行動上都很重要。在人性這端，有效率的理財顧問會強調流程如下。

> 真正成功的顧問做什麼事情都有一套流程，無論是後端營運還是和客戶對談。遇上大事，他們更是會花比別人多一倍的力氣來記錄流程。
>
> —— 弗特希

3 Dictionary.com.

在和潛在客戶開會的時候，理財顧問會用程序來設定期望目標。

> 我們最能讓新客戶有共鳴的一張投影片，就是他們在每個階段的期望目標，分別是60天、90天、120天後的目標。他們可以更了解我們的服務，以及我們可能需要什麼資訊才能更了解他們。在每個階段或時間範圍內（投影片上顯示的欄位），都有更細的對話主題。我們發現，設定期望目標能帶來正面的客戶體驗。
>
> ——諾茨

電腦可以延伸分析答案、執行財務管理交易。例如，某個投資組合需要再平衡（著重數學公式），而且這種金融交易是真的需要實際執行（在現實世界中）。分析風格的答案（概念與答案）和實用風格的答案（程序與行動）之間通常會有些微差異，因為電腦程式的設計是兩者兼具，通常會同時進行。

對於客戶與理財顧問而言，程序與行動的主要好處是很一致。以下列例子來說明。

如果理財顧問想用100位客戶的帳戶資料歸納出一套流程，那這個顧問一定壓力很大，而且沒辦法提供消費者品質一致的服務。

——弗特希

雖然實用風格的答案具備一致性，但標準化程序與行動一定會有限制。例如，資料表或一開始的對話只能收集到一定的資訊。如果收集太多，就會遇到客戶不想再提供更多資訊的瓶頸（因為會花太多時間）。因此，程序與行動規劃通常很廣泛，但時間到了通常就會自然有具體的執行計畫。

客戶體驗

客戶體驗代表所有在這間企業內的客戶體驗，涵蓋網站、社交媒體、消費產品與服務，以及和客戶在任何接觸點的互動。包含財富管理在內的許多產業都有客戶體驗策略，尋求超越客戶的期望。財富管理公司裡有客戶體驗委員會，委員會成員涵蓋全公司員工。用AQ的說法，這些委員會的目標是尋找「給客戶更好答案」的方法。

要確定提供客戶答案的機制，客戶體驗委員會的每個人都很重要。專案經理雖然不用面對客戶，但卻是答案供應鏈重要的一份子：

> 我發現客戶體驗委員會需要一名專案經理，因為這個人可以負責監督客戶關係管理的數據庫。客戶關係管理平台是取得客戶個人資訊的地方：有幾個孩子、讀什麼大學、養什麼寵物、休假、父母（在世／已亡故）。這些資訊堆疊成客戶的背景故事，幫助我們真正了解客戶，並且提供客戶更好的體驗。在客戶體驗委員會裡，這位專案經理要傾聽顧問渴望更加了解客戶的需求。為了讓客戶故事更具體，客戶關係管理數據庫必須包羅萬象。
>
> ——諾茨

前述例子說明，客戶關係管理資訊可以用來建構故事。客戶關係管理或許可以延伸到直接講一個故事與譬喻，這樣顧問就可以在和客戶開會時當作補充參考。舉例來說，客戶關係管理可以把好的故事或譬喻記錄下來，重複運用在這個客戶或其他類似的客戶身上。此外，運動的譬喻可以用來和喜歡運動的人分享，而其他類型的譬喻（事業、家庭等）可以用來和不同的人建立連結。

幾年前，本書作者遇過一間顧問公司，他們在客戶關係管理中有「興趣愛好」欄位。一位顧問舉例說明他的客戶有多熱愛飛機模型。客戶關係管理標注了客戶的這項愛好。他們不僅注記（AQ中的概念），還知道這種對模型飛機的愛好是由程序與行動所養成。具體來說，顧問透過電子郵件把飛機模型的相關文章傳給客戶、寄飛機模型過去、替客戶買飛機模型展的門票。客戶關係管理中把這些都記錄為「待辦事項」和「注記」。這樣一來，客戶關係管理就更能提供多種類型的答案（以這個飛機模型的故事為例，包含概念、程序與行動）。總而言之，六種答案類型都可以作為客戶關係管理的紀錄。

直接面對客戶的理財顧問需要根據客戶體驗進行問答，對話才有效。對話的影響力通常取決於微妙的因素。例如，其中一位受訪的理財顧問並不害怕提問之後，客戶停頓很長一段時間，只要有必要，他等多久都可以。如果沒有長時間的停頓，可能會錯失真正的答案，或是最深思熟慮後的答案。除此之外，在客戶引導會議上，我們訪談的另一位理財顧問表示，他們會用筆把答案（AQ中的答案）記錄下來。他們有軟體，但用筆記錄更人性化，並創造一個開放的資訊分享環境。戴克在顧問產業的時候，和一位經驗豐富的理財顧問一起工作，那位顧問和客戶交談時從不做筆記。不過，他會在開會時將客戶的意見錄音下來，會後立即拿給負責整理的人，整理的人再將這些錄音輸入客戶關係管理系統。那位顧問覺得自己只能做傾聽這一件事，否則會無法專心。這個做法和許多無效的問卷調查恰好相反，因為問卷調查雖然有用，但只能收集到部分資訊；而一對一的對話中，理財顧問可以一次記錄下許多資訊。

客戶體驗對話的微妙之處可以運用到五個高AQ實踐法（本書的第二部）。舉例來說，〈高AQ實踐法4：建立回答風格〉中，說明找出客戶偏好的回答風格，並且用同樣風格的答案來回應很重要。例如，我們訪談的一位理財顧問提到，有位客戶更傾向分析風格（更喜歡理論與概念）。這位客戶更喜歡收到股票、本益比或是股票動能等投資指標的技術分析信件。然而，另一位客戶可能更在意錢要怎麼使用的實際問題。例如，客戶可能要照顧年邁的父母、為孩子存下或賺取大學學費。這種注重實際面向的人會對資金取得、管理、分配的程序與行動比較有興趣。最後，另一位客戶可能更重視內涵，關心的是這筆錢如何帶來長遠的影響。理財顧問便可能會用到和關係風格有關的故事與譬喻。我們在前一部探討過答案風格，這一部份和客戶體驗有關的重點在於，如何安排答案風格。在其他條件相同的情況下，客戶可能會偏好特定的答案風格，因此理財顧問時不時就要用相關的答案類型來強調重點。

高AQ實踐法3「補充說明」中指出，AQ環狀圖上鄰近的答案相關度最高。了解答案之間的關係，才能深入了解答案的重點。例如，信任（概念）在理財顧問和客戶建立關係時很重要。由於金錢通常反映出一個人生命中追求的事物，或是他們帶來影響力的方式，可以說是非常私人的面向。因此，信任始終是客戶相當在乎的事情。近年來，在更多面向的關係裡，重點從交易關係轉向以信任為基礎的關係，信任變得更重要，而開放式溝通則是信任關係裡至關重要的因素。

在AQ環狀圖上，和信任（這項概念）相鄰的是程序，再來是行動。因此，提供實用風格的答案（程序與行動）才能獲得信任。理財顧問經常忽略他們執行程序與行動的原因。現在的財富管理公司辦公室往往非常氣派奢華，可能有人會問為什麼？一位理財顧問說，辦公室之所以要氣派奢華有很多原因，其中包括讓客戶信任。換句話說就是：「看看這間辦公室，我們很成功，是可以信賴的公司。」這是不言而喻的訊息。但是，這種想法可能很危險，因為重點變成要把大廳蓋得更奢華，或是在辦公室噴香水，甚至是提供高級飲品，結果根本原因（信任）卻被退而求其次。華麗的辦公室就像軍備競賽，並不會增加客戶的信任。

針對公司與個人錯誤聚焦在光鮮亮麗的表象，我們訪談的理財顧問是這麼認為：

> 個人層面上，你可能買不起最高級的西裝、領帶或袖扣，但要確保鞋子擦得夠亮。鞋子是很便宜的東西，但照顧好就會帶來很大的不同。我一直都是用這個技巧來搭配客戶體驗管理。在公司層面，用程序與定價來建立信任，不要天花亂墜吹噓。說得天花亂墜一開始可能會吸引到人，但沒有深度將會後繼無力。
>
> ——弗特希

前面兩個例子「擦亮你的鞋子」與「定價」，代表的是得到信任的方式。這些做法和盲目的模仿行為（如華麗的辦公室或華麗的西裝）不同，後者無法真正獲取信任，或是得到預期的利益。在這種狀況下，如果將「信任」當作答案，便能夠採取更有目的性的鄰近答案，也就是程序與行動。

愈理解信任的概念，就更能理解（鄰近答案的）程序與行動。舉例來說，信任和承諾有關。研究顯示，承諾有三種：可計算的、情感上的，以及有規範的。[4]可計算的承諾是成本效益分析，或是有特定條件的信任。「可計算的承諾」就像是在網站標上定價。這樣的透明度可以讓客戶自行決定要不要和理財顧問合作，並且在第一次見面以前計算這個關係的價值。「情感承諾」是出於直覺相信一個人可以被信任。例如，前文一位理財顧問提到的僕人式領導與相關故事，都可能加強情感信任。最後，「有規範的信任」則是出於相信他人會盡到應盡責任的信任。因此，許多理財顧問都有滿足客戶需求的信託義務。分享這種信託訊息可以增加規範性的承諾。了解承諾的這三個面向後，理財顧問便可以製定更仔細的目標，以便增加自身承諾與客戶信任度。

為了進一步擴大鄰近答案的影響，不僅要了解不同類型的承諾（概念答案），還要確定承諾的哪些面向與期望的結果最密切相關（理論答案）。理論是和行動距離三個級距的答案（中間要移掉三種答案），理論和程序則屬於距離二個級距的答案（中間要移掉兩個答案）。理解二個與三個級距鄰近答案的理論，可以更了解程序與行動該怎麼做。

舉例來說，一項研究發現，和「可計算承諾」為基礎的關係相比，有「情感承諾」的客戶更願意和服務提供商保

---

4 Meyer & Allen, 1991.

持關係。[5]如果將這個研究延伸到財富管理（由其他學術研究或企業內部的商業分析證實；兩種都是理論答案），這個概念的意思是指，（如果期望達成客戶忠誠度）情感承諾比可計算的承諾更重要。因此，理財顧問應該要著重在增加情感承諾的程序與行動答案。

---

5 Wetzels, de Ruyter, & van Birgelen, 1998.

15
醫病AQ

布萊恩・格里布考斯基博士
醫療新創中心執行長喬瑟夫・加斯貝羅

喬瑟夫・加斯貝羅（Joseph Gaspero）是醫療新創中心（Center for Healthcare Innovation）的執行長暨共同創辦人。他是醫療照護的主管、策略長兼研究員，並於2009年共同創立醫療新創中心。醫療新創中心是一間獨立、客觀、跨學科的醫療研究與教育機構，研究與教育計畫包含以患者為中心的醫療照護、患者參與、臨床試驗、藥物定價，以及其他急迫的醫療照護問題。他負責制定與執行醫療新創中心的商業策略、擬定行銷戰術、籌備募款工作，並管理醫療新創中心的管理團隊。

特別感謝

感謝願意針對本章主題接受採訪的四位醫生。

- 內倫・阿嘎瓦（Neelum T. Aggarwal）：醫學博士，拉什大學醫學中心（Rush University Medical Center）神經科學系副教授；美國醫學婦女協會（American Medical Women's Association）多元文化長。
- 莎彌爾・埃瑟（Sameer Ather）：醫學博士，伯明翰退伍軍人醫療中心（Birmingham VA Medical Center）內科醫生。
- 拉瑪・哈絲柏克（LaMar Hasbrouck）：醫學博士、公共衛生碩士、企業管理碩士，也是在商業策略、企業營運與機構健康領域經驗豐富的高階主管。
- 瑪爾拉・曼德森（Marla A Mendelson）：醫學博士、婦女健康研究中心（Women's Health Research Insitute）聯合主任、醫學（心臟病學）及兒科副教授。

本章摘要：本章探討的是醫生與病患之間堪稱世界級劇院的對話。醫生與病患的對話非常戲劇化（經常不是生就是死），演出者在高度儀式化的會面中（如護士與病患之間一連串的互動，接著是醫生與病患的互動，一切都發生在平均17分鐘的時間裡）本色出演（如無所不知的醫生）。有前景（診療室或手術室）、背景（醫療團隊的會議室或病患等待的大廳），以及幕後（病患的日常生活）。為了納入業內人士的觀點，我們採訪了四位醫生。重點是要從戲劇角度來看，因為戲劇並不是日常生活，因此更具備戲劇性與意義。

主要讀者：除了提供給醫生參考，本章也適用於任何可以用戲劇方式帶來更大影響的對話。

圖15.1 醫病AQ指的是醫生為病患提供答案的能力

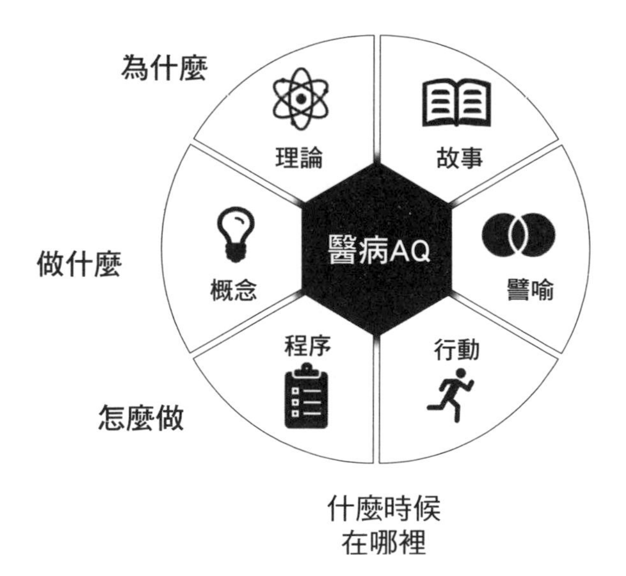

世界是一座舞台，男男女女不過是演員，他們都有離場與登場的時候；一個人在一生中會扮演許多角色。

——威廉・莎士比亞（William Shakespeare）

1959年，社會學家厄文・高夫曼（Erving Goffman）將社會中的個人互動比喻成劇場，這稱為「劇場論」[1]。戲劇化的社會互動可以追溯到莎士比亞時期，更早之前則是古希臘時代。日常生活中的戲劇無處不在，而且被視為理所當然。你可能會想起生活中的事情或某些重要關係，像是商業（如業務與潛在客戶）、家庭（如父子）或健康（如醫生與病患），那麼莎士比亞的名言會很有共鳴。想像醫院裡醫生和病患的互動，每個人都在扮演自己的角色。傳統上，醫生是無所不知的角色，而病患則是得到治療的受益者。就像一場戲劇，有前景，診療室或手術室；有背景，醫療團隊的會議室或病患等待的大廳；還有幕後（看醫生之外的日常生活）。戲劇有儀式化的元素，是一種有結構的互動。舉例來說，最常見的戲劇組成是分成三幕。診療室裡，醫生與病患的互動平均只有17分鐘[2]，是一種簡短的儀式化會議。戲劇

1 Goffman, 1959.

2 Woodwell & Cherry, 2004.

的核心是交替的台詞，也就是對白。所有的對白，尤其是日常生活上演的戲劇，都有問與答的對白。醫生通常會從很廣泛的問題開始為病患診療：「今天哪裡不舒服嗎？」

傳統上，醫病關係在權力與知識上並不對等，因此很容易認為他們的互動是出於為病患好，因而由醫生說了算。然而，根據我們訪談的一位醫生表示，80%的醫病價值來自問答交流的過程，20%來自診斷。從病患的角度來看，對話有沒有成效非常重要。結果看起來，許多對話都不太能讓病患理解。研究發現，病患診療過後只能記得50%的重要訊息。[3]我們訪談的一位醫生表示，病患要和不同的醫療人員對話過後，才能理解整體情況。花一段時間理解後的答案，和一段單一的答案不同，因為和不同人聊天可以讓病患發現自己思維中的盲點。在複雜的醫療案例中，讓病患在不同對話裡聽到醫療團隊裡每一位成員的想法（例如心理師、護士、神經科醫生）很有幫助，病患才能夠得到和醫療團隊相同的資訊。如果沒有這個對話過程，結論性的答案可能會遺漏細微的差別、論點與選擇，而這些可以在不同時間的對話中透露出來。

在本章中，我們從戲劇學的角度出發，從儀式化的醫

---

3 Ong, de Haes, Hoos, & Lammes, 1995.

病對話中探究醫病AQ。除了醫生之外，本章也希望能夠讓溝通者在進行商業、家庭或生活領域中的儀式化對話時有所助益。我們會透過研究醫生與病患之間的對話，以戲劇的方式來闡述。首先，我們會探究戲劇性的對話，以及戲劇與現實生活的不同。其次，我們在以「揭幕」那一小節將聚焦於開場白的重要性。第三，戲劇有不同類型，所以我們會探究對話的類型以及對話的潛在含意。最後，對話表演的核心是扮演角色的演員，因此也會探討對話中的角色。

戲劇性的對話

劇場很戲劇性，並不是日常生活。劇場的定義是「一連串激動人心、情緒化或出人意料的事件或情況」。[4]醫生與病患的互動很具戲劇性，因為有高風險、情緒化，並且經常出現不確定的事件。在戲劇中有一種結構稱為「英雄之旅」（hero's journey），描述故事主角從踏上旅程開始，到最後有所改變或轉變。所以，我們將主角的「對話之旅」定義為：（1）從主要問題進展到答案的（2）重要對話。為了說

---

4 Lexico.

明這場英雄的對話旅程，我們將檢視下列三段醫生與病患（主角）的對話（參見圖15.2）。

在醫學上中，醫生會認為「主要訴求」與重要問題相關。有趣的是，人體和健康是相關系統，但醫生仍然會強調有「主要訴求」(一個比其他問題更重要的考量)。聚焦在單一問題上增加了戲劇效果，因為無關的問題會被淡化。

圖15.2　英雄的對話之旅

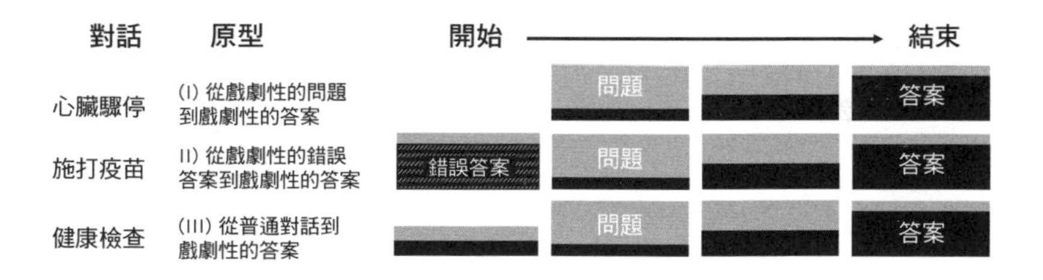

心臟驟停是戲劇性的狀況。想像一個男人和妻子出去吃飯，突然心臟驟停，在醫院病床上醒來，身上插著管子。接著，他開始和心臟病醫生有許多戲劇性的對話。一開始，病患的問題比答案更多。經過數週、數月與數年，持續不斷的對話都是以希望有答案作為結束（防止心臟再次驟停的持續治療）。我們將此稱為原型對話（I），指的是生活中會重複出現的某些議題，從戲劇性問題到戲劇性答案的這段旅程。例如，潛在客戶帶著明確需求來找業務，例如需要解決或可能導致財務出狀況的問題，便是原型對話（I），從買家問題到答案的經過（避免財務出狀況的解決方案）。

原型對話（II）是從戲劇性的錯誤答案到戲劇性答案的旅程。案例對話圍繞在兒童疫苗。美國兒科學會對疫苗的看法很明確：「疫苗很安全、有效，而且可以拯救生命。」[5]然而，許多反疫苗者拒絕讓孩子接種疫苗。在這個談話中，醫生必須排除錯誤答案，以問題取而代之，隨著時間過去，談話之旅以家長同意讓孩子接種疫苗而結束。這麼做，真實的答案（接受疫苗）才能取代錯誤答案（反疫苗）。銷售領域的原型對話（II）發生在客戶對需要購買的服務有錯誤但根深蒂固的想法時。舉例來說，有一間提供全方位服務的人力資源顧問公司可能正在和客戶聊天，這位客戶認為他們需要更好的員工培訓方案，才能提高績效。但人力資源顧問公司可能認為，真正的問題在於他們雇錯員工，因此需要的是挑選不一樣的員工。這時顧問公司（賣方）就要採用原型對話（II），先排除客戶的錯誤答案（培訓），並以問答的方式引

5 American Academy od Pediatrics.

導他們推向解決方案（正確答案）。

原型對話（III）指的是普通對話變得戲劇化，最終以戲劇性答案結束。日常生活對話與戲劇性對話之間的主要區別在於，戲劇性對話更重要。並不是所有醫病對話都一樣重要。醫生幫健康的孩子健康檢查，可以說是普通的對話，或者至少是戲劇性較低的醫病對話。然而，如同其他地方，在醫生的診間，普通對話也可能會變得戲劇化。想像一下，如果醫生對一位母親說：「孩子身上的這顆痣有點奇怪，可能要檢查一下。」這下子，不那麼重要的對話會晉升為戲劇性對話。如同其他對話，一開始會有個問題，希望檢查之後會有答案（例如，沒什麼需要擔心的，或是得接受治療）。在銷售領域，可以用廠商提供網路訓練課程這個例子來說明原型對話（III）。在網路訓練課程期間，參加者可能會被觸發，意識到以前沒有意識到的需求。巧的是，這個需求剛好是廠商的服務內容。

上述說明生活中的戲劇性對話有幾個含義。戲劇性的對話很重要，並且會聚焦在一個主要問題上，以一個答案結束。一方面，這一點顯而易見，因為大多數人都預期先有問題、再有答案。然而，我們可以想像在多數對話裡，焦點不會集中在一個問題上（需要提高戲劇品質）。此外，在許多對話過程中，每一方的利益都要維持平等。這種平等可能和互惠原則一致（例如，談話時應該要輪流聊到彼此的興趣），但這樣做會降低談話的戲劇品質。在一部英雄之旅（強調一位英雄）的戲劇裡，其中一方的利益高於其他人（不是英雄的人）。同樣的，醫病對話極度重視協助病患（英雄）完成問答之旅。此外，普通對話的起伏不會永遠是從問題開始、到答案結束的戲劇性弧線。相反的，本來有目的的對話可能變成沒有重點的閒聊，而問題與答案便會漫無目的交織在一起。最後，就如同戲劇性對話從某個問題開始，這個對話也會在答案出現時結束。例如，完成有效治療後，醫生便不會再替這個病患診療。商業上也是一樣，有答案之後，戲劇性的對話就結束了。然而，許多商業對話的結尾缺乏戲劇性。想像一下，顧問提出專案後，就接著去找更多對話的可能性（尋找下一個可以賺錢的專案）。原本結果很好，卻因為後續對話沒有加分而減弱這個結果的影響力。請注意，這並不包含「系列專案」（有另一位顧問參與），但是「系列專案」應該是新問題的產物，而這個新的戲劇性問題需要顧問的參與。

揭幕

我曾經採訪過劇場導演，問他們：「這部戲劇最大的困難是什麼，開場、中間還是結尾？」這群導演很有共鳴，開場是最困難的，因為簾幕升起那一刻，要從無到有是一種形而上的抽象體驗。

我們會在這一部分檢視開場的對話，也就是帷幕升起時戲劇的第一幕，或是第一幕或第二幕的中場休息後帷幕升起的對話。在醫病關係中，醫生與病患第一次診療通常會從關係風格的對話開始，之後的每一次看診也會有開場對話。在本段中，我們採用的是微觀視角，著重在輪流替換的問答過程。相反的，前文則是以宏觀視角來討論戲劇對話，找出貫穿全劇的對話弧線，在一開始便確定了戲劇的主軸問題，結尾則帶到核心答案。

我們詢問幾位醫師，在診療時如何開始對話，先提問還是回答？他們的答案很不同。首先，他們說許多醫生會從答案開始。確切來說，他們通常會回溯病患的病史（全部或部分），然後再問問題。

心臟內科醫生（強調程序與行動）：「我知道你不太舒服才來的。你的右邊心臟動過刀，現在已經好了。但我們還需要動左邊心臟的手術，而且你的心跳不太正常。」

心臟內科醫生（問題）：「了解我的意思嗎？」

第二個方式則是直接從提問開始。

小兒科醫生（問題）：「今天哪裡不舒服呀？」

醫學生受過問診訓練。雖然有這種背景訓練，醫生似乎對於如何開啟對話、先提問或先給答案，都有不同的偏好。我們不會評斷哪一種比較好，相反的，我們會提出第三種觀點，就是問診開始的問答順序（先問再答，或先答後問）並不重要。我們發現這跟「先有雞還是先有蛋？」很像；當然，無論誰先誰後，雞和蛋都是有關係的。問答也很類似，順序並不重要。

所以重點是什麼？我們的觀點很枝微末節，卻相當重要。傳統的醫療培訓、銷售培訓，以及其他類型的培訓中，都強調問題比答案更重要（因為課程的重點在於問題）。舉例來說，醫學生會學到交叉提問，但對於答案卻沒有類似的做法。這本書並不是說答案比問題更重要，本書的重點反而在於「對話」，因為問與答的交流很重要，而本書之所以首先強調答案，是因為答案的重要性被低估了。

對話類型

戲劇有許多類型（如喜劇、悲劇、推理），從回答風格來看，或許可以說對話也有不同類型。我們訪談的醫生認為，醫病對話強調的是和「怎麼做」的問題相關的實用風格（程序與行動）。舉例來說，外科醫生與心臟科醫生的工作在於修復人體。我們訪談的一位醫生便強調，醫生「在手術前後都要討論要做什麼、可能發生什麼事。」實際對話是很重要的雙向溝通，病患與醫生都可以從中學習。我們訪談的另一位醫生說，病患最知道自己的身體狀況、症狀與疼痛。同樣的，在和世界頂尖高爾夫球教練合作進行的初始研究中，我問這些教練：「誰會成為老虎伍茲的下一個教練？」因為訪談進行時，他沒有教練。許多高爾夫球教練自發的說，老虎伍茲不需要教練，因為只有他才能體會拿球桿的感覺，教練無法間接評論。（補充說明：頂尖高爾夫球教練也補充說，老虎伍茲在答案類型上是專家，例如高爾夫物理（理論答案），他不需要教練。這個說法很耐人尋味，因為在AQ裡，這表示他們認為他不需要與別人對話。）

雖然醫生受過訓練，對於和醫療情況相關的分析風格（概念與理論）很了解，但是在醫病對話裡不太能用分析風格來說明。這是因為雙方經常出現嚴重的資訊不對等，醫生有專業的醫學學位，但病患通常沒有。我們訪談的一位醫生說：「病患想知道怎麼樣才會好轉，他們不想聽理論。」

最後，關係風格（故事與譬喻）對於醫學領域來說是很不熟悉的陌生附屬品，因為大多數醫生，尤其是年長的醫生，都沒接受過這方面的培訓。我們訪談的一位醫生說，他們的訓練沒有譬喻與故事，他接著補充說：「在醫學上，我們處理的多半是事實」，這顯然再度連結到實用風格。此外，我們訪談的醫生認為譬喻很難，通常不會使用。另一位醫生則說：「因為有《健康保險流通與責任法案》（Health Insurance Portability and Accountability Act）的限制，不能對病患提到其他病患的事情。」他們的意思是，故事超出法規範圍，而這是合理的理由。然而，有一位醫生確實會用講故事的方法，但他認為這是額外的付出，他指出：「只有在舒服的時候、想跟對方交朋友的時候才會這麼做，還要有閒時間。」這一點進一步凸顯出，如果醫生要說故事，需要在時間限制內簡單扼要的講完。

雖然大家都認為醫學等領域只著重於實用風格。這在某種程度上可能沒有錯，但是分析風格與關係風格的答案仍然很重要，過度偏好某種回答風格才真的有風險。我曾經做過一份沒有發表的後設分析，也就是涵蓋眾多研究的統計結果，這項分析檢視下列問題：企業文化是否會因為產業或公司而異？換句話說，企業文化受到產業的影響是不是更多，例如大家都認為華爾街的公司必定很殘酷無情，所有非營利組織都很有使命感。結果證明，文化會因公司而異，不會因產業而異。因此，我們有很大的自由空間可以型塑文化，而同理，根據推測，我們有很大的自由空間，可以運用各種答案類型來建立對話。的確，我們在本章中訪談的醫生，便能夠運用分析風格或關係風格，討論哪些方法對醫病對話更有益處。

愈來愈多人會「Google」醫學症狀（和實用風格相關），甚至還會搜尋、閱讀醫學期刊，試著根據臨床研究來判斷自己的病情與療效（和分析風格相關）。一位醫生說：「大家喜歡了解研究，想知道研究結果是什麼，所以我們會討論。」另一位醫生用匿名故事來避免《健康保險流通與責任法案》的問題。舉例來說：「讓我告訴你前一個病患沒有動手術，結果他發生了什麼事……。」另一位醫生補充，有些病患會「想辦法找故事與譬喻，試圖和已知的事情連結起來再來做決定」。然而，有些病患不想影響情緒（故事與譬喻），他們想看數據，我就給他們看。」因此，也要考慮到病患的個體差異與偏好，不能過度一視同仁。

角色

我問過戲劇導演：「演員要怎麼樣才能把角色演好？」本來預期答案會和技術（程序與動作）有關，但事實並非如此。戲劇導演強調的反而是演員必須理解角色動機。在AQ中，動機是一個概念（如愛、恨或貪婪），可以讓演員知道在舞台上要怎麼演（程序與行動）。如果行動或程序和概念（動機）無關，演員便會演不好。我們以一位醫生提到的下列醫病對話為例。

> 患者在服用藥物，但不知道為什麼要服用藥物……他們會說：「不知道，醫生叫我吃的。」原因是這種藥是幫助降低血壓的利尿劑，可以降血壓是因為會讓服用者後更常上廁所。

在這個例子裡，概念（例如降低血壓）與行動（服藥）之間的來龍去脈並不清楚，患者可能會因為不按時服藥，或是沒有再去拿藥而出現偏離「患者角色」的風險。

戲劇性的角色被稱為原型人物，例如英雄、壞人或命運多舛的情人。戲劇角色和日常生活中的人的主要差異在於，前者經過濃縮，也就是說和角色不一致的程序與行動都被刪減了。因此，要演出醫生與病患的原型角色，便需要了解自己的角色，用戲劇的說法來表示就是，了解自己和其他演出者的動機。舉例來說，我們訪談的一位醫生提到，很多病患不知道自己應該扮演「提問者」的角色，他們不知道自己應該要多問問題。我們訪談的醫生建議了幾種鼓勵患者提問（角色一致的行為）的方法，例如表明「沒有蠢問題」、每次診療最後保留時間給病患發問、不要在病患連一個問題都還沒問之前結束診療、鼓勵病患在看病前把問題列出來。當病患的角色不對時，醫生也必須意識到。我們把「錯誤角色」定義為沒有得到角色應有的權益，以病患而言，就是應有的照護品質。要取得平衡，醫生便要調整自己的角色來應對。例如，一位醫生說：

> 別問「你有喝酒嗎？」要問「你喝多少？」（還有）如果他們說喝了多少酒，就把那個量再乘以X倍。

了解自己的角色對醫生來說也很重要。舉例來說，傳統上認為醫生什麼都知道，但由於醫療網站與搜索引擎的興起，醫療資訊更好取得，因此有些醫生認為他們的傳統角色被取代了。然而，有些醫生則坦然接受新科技，以及無所不在的資訊。我們訪談的一位醫生會告訴病患，哪些網站可以找到可信的醫療保健資訊。無獨有偶的，在複雜式的B2B銷售裡，愈來愈多買家在銷售漏斗的前期階段會透過網路尋找資訊。業務員因此有機會擴展他們的角色，成為資訊與指南的「引導者」，或是他們可以選擇繼續扮演「資訊守門員」這個傳統而過時的角色。

我們之前討論到對話類型與角色之間的間接關係。對話類型是角色（或動機）的產物，而角色由演員扮演。我們可以將AQ的回答風格視為溝通角色。之前已經提到過，醫生更喜歡實用風格（程序與行動）。然而，另一個論點是關係風格（故事與譬喻）對病患來說很重要，醫生應該要接納這個溝通角色。舉例來說，約瑟夫聽說許多科技巨頭都將孩子送到加州的一所學校，這所學校不使用任何科技產品，這個故事接著指出，賈伯斯也不給女兒玩iPad。於是故事以一個尖銳又戲劇化的譬喻結尾：販毒的人不吸毒。約瑟夫在聽到這個故事之前，就已經知道科技產品的壞處，但是聽完這個故事更讓他決定，要盡可能減少孩子看螢幕的時間。這個故事不是小兒科醫生說的，但也許小兒科醫生應該要分享一下。就算不是這個故事，也還有其他故事與譬喻可以教育、說服家長。

了解角色不僅對演出的演員很重要，對演員的交流也很重要。對話就像一支樂隊，我們想知道誰來寫歌？誰是主唱？誰要演奏什麼樂器？如果沒有說清楚，樂隊可能會不歡而散。戲劇角色可以釐清所有演出者的角色期望。從戲劇可以學到，演員要了解角色並自由的討論這個角色，才能夠融入角色。在戲劇中，演員之間很常相互討論角色動機，因此可以了解角色的互動，最後才能更加真實且可信。角色透明度對於醫病對話來說也很重要。舉例來說，我們訪談的一位醫生鼓勵病患自由搜尋資訊、自我教育，並且直接的和病患討論這個學習角色。為了讓病患融入並接受這個角色，這位醫生鼓勵病患在問診時用手機搜尋資訊。在銷售領域，賣方要了解買方的個性，才能判斷怎麼和賣方互動。用戲劇的例子來說就是，要和客戶公開討論買方角色。舉例來說，業務可以將買方標記為「創新者」（經過銷售單位評估的買方性格）並且和買方分享。買方可以同意也可以不同意；無論同不同意，賣方都會更加了解買方的角色，以及應該採用什麼風格來提問與回答。

16
學習與AQ

布萊恩・格里布考斯基博士
博士、教學中心教務長、教師卓越中心主任、中北部大學社會學教授珍妮弗・基斯

珍妮弗・基斯（Jennifer Keys）博士以社會學為基礎，堅信學習的本質是改變，因此希望能夠帶來真正變革性的教學方式。作為教學開發人員，她策劃了「從做中學」，並提供教學獎學金。

特別感謝

感謝安東尼・蘇羅（Anthony Schullo）同意接受本章訪談。蘇羅擁有美國人力資源管理證照（SHRM-CP）、人才管理師證照（TMP）、房地產經紀人證照（ALE Solutions），並且擔任人事專員。他是一位學習發展專家，在員工培訓、學院與大學課程、員工關係、績效管理與勞動力規劃方面擁有豐富的經驗。

本章摘要：所以，這本書快讀完了，（希望）你已經知道AQ很重要，已經找出自己與團隊或企業需要改善的重要對話。可能是銷售AQ、培訓AQ、品牌AQ或是 ＿＿＿＿＿ AQ（請填入任何重要主題）。接下來呢？下一步是學習如何提高AQ。

基本上，本書的第二部檢視了學習與AQ運用至關重要的五種高AQ實踐法。本章會從學習理論著手，探討學習AQ的其他方法。首先，學習、練習與提高AQ有七個關鍵的學習概念。第二，作為一種學習工具。AQ的概念可以分為六種循環排序的答案，代表學習的多個切入點。多個切入點很重要，但真正的學習就像轉動的輪子，更重要的可能是整合所有的答案，才能夠推動學生前進。最後，我們採訪學習與發展的專業人士蘇羅，了解他對企業學習AQ的方法有什麼看法。

主要讀者：本章主要是寫給想學習AQ的人（主管、員工或任何對學習AQ有興趣的人），以及想教別人如何學習AQ的人。

其他讀者：學習發展的行政人員、負責投資與發展學習文化的經理人都很適合閱讀本章。

圖16.1 學習AQ指的是從更廣義的學習論點來學習AQ的方法

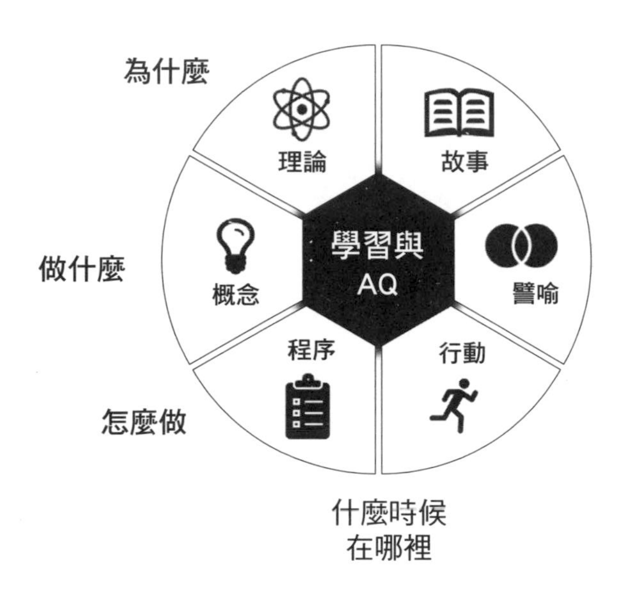

學習的概念

看看莫內（Oscar-Claude Monet）1886年的作品〈撐傘的女人〉，圖中的女人開心嗎？如果畫的顯然是晴天，你可能會說開心。如果畫的顯然是雨天，你可能會說不開心。對圖畫與AQ而言，情境很重要。前景（要理解的事物）與背景（影響理解事物的情境）完全不同。在AQ中，前景是六種答案（譬喻、故事、概念、理論、程序、行動），要結合問題與特定對話（面試AQ、銷售AQ、培訓AQ、品牌AQ，或更廣泛的說是，可填入任何重要主題的_____ AQ）。近景則是五個高AQ實踐法（參見本書第二部），讓我們學習在各種對話中有效運用問題與答案。

在這一章，我們將會探討更遠的背景、學習理論的影響，以及影響AQ學習的因素。具體來說，我們奠基於彼得·布朗（Peter C. Brown）、亨利·羅迪格三世（Henry L. Roediger III）與馬克·麥克丹尼爾（Mark A. McDaniel）於2014年合著的《超牢記憶法》（*Make It Stick: The Science of Successful Learning*），書中回顧125年的學習研究，找出最有效率的學習策略。總而言之，我們會探究書中七種證實有效的學習策略。以AQ而言，每一種學習策略都代表一個概念，可以讓學習、練習以及提高AQ更有效率。

刻意練習

> 輕鬆學習就像在沙裡寫字，今天學明天忘。
>
> ——布朗、羅迪格三世與麥克丹尼爾

刻意練習包含兩個要素。第一，學習必須有目的。學習AQ顯然包含這項原則，而且五個高AQ實踐法都有不同的學習目標。回想一下，高AQ實踐法1的目標是給出六種

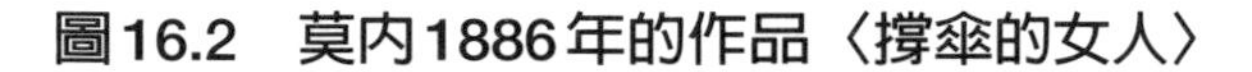

圖16.2 莫內1886年的作品〈撐傘的女人〉

答案，強調將特定問題（為什麼、做什麼、怎麼做）對應到特定的答案類型。舉例來說，「為什麼」的問題可以用故事與理論來回答。其次，密集練習才有效，才能帶來有意義的進步。體育運動中，有句話說：「比賽很難，但練習要更難。」密集練習和輕鬆學習的錯誤觀念背道而馳；舉例來說，我和數百名學生用一套角色扮演軟體來練習面試AQ，學生要回答問題（例如，為什麼要雇用你？），他們的答案（例如理論與故事）也會被錄下來。這讓學生覺得很不舒服，但這種壓力正反映了實際面試的狀況。*

交錯練習

人們很常誤以為重複練習最有效。舉例來說，如果檢視小聯盟的棒球練習可能會發現，在擊球練習中，投手投出的每一顆球的飛行軌跡、速度與位置都一樣。這種段落練習（blocked practice）的方式很盛行，因為會讓打擊手以為自己打得很好。一遍又一遍的練習同樣的球路會讓球更好打中，可以剎那產生自己有進步的短暫錯覺。相反的，交錯擊球練習是指投手隨機投出快速球、曲球、旋轉球或變化球，且位置（好球帶的所有區域）也會改變。透過兩個或許多個科目或技能的交錯練習，可以建立更持久的習慣。交錯練習創造出更廣泛的學習範疇，以及評估與回應各種實際問題與條件的能力。舉例來說，我和同事採訪的世界級頂尖高爾夫球教練大多不贊成使用訓練輔助工具（像是調整球桿或揮桿的訓練器），因為這樣學生就沒辦法為實際的高爾夫球賽做

---

* 作者注：實際上，高盛公司在第一輪面試會採用非同步視訊面試，很多其他企業也是這樣做，或者很快就會採用這個方式。

準備，反而「只是讓他們在使用訓練輔助工具的時候打得更好」。除了這一點外，大多數頂尖高爾夫球教練都會在練習的時候採用實際高爾夫球賽的回合計算方式，每次揮桿也都會按照賽場上的規定交錯進行。

AQ也應該交錯練習。我不建議這週練習故事答案、下週練習理論答案，然後接下來每週都練習不同的答案類型。取而代之的是，每一次都要交錯練習各種答案類型。隨機練習「為什麼」、「做什麼」、「怎麼做」、「什麼時候」、「在哪裡」的問題。還有，每一個高AQ實踐法的答案類型都要有所不同，才能記得更牢。

間隔練習

集中練習（一次練習全部技巧）是另一個錯誤的觀念。舉例來說，許多學生會在考試前一天晚上埋頭苦讀；或者，企業每年辦一次培訓就覺得大家都學會了。相反的，證據顯示「間隔學習」（spaced practice）才最有效益。而間隔學習之所以重要，是因為強調長期記憶。透過整合的過程，學習內容會產生愈來愈多的連結，而隨著時間的累積，學習內容的應用也會自然更多樣化。

根據這些研究結果看來，學習AQ應該要採用間隔練習的方式。舉例來說，如果業務單位想要提升銷售AQ，開始培訓之後應該要定期再培訓，而間隔時間可以越來越長。例如，可以在第1天、第5天、第10天、第20天、第60天，之後再每隔60天進行培訓。當然，確切的間隔時間取決於學習內容的多寡、難度與重要性。

反思

反思包括創造心理空間來思考已經學過或應該要學的內容。學習AQ的時候應該也要反思。舉例來說，假如有一位主管正在改進他的AQ簡報。在簡報過後，這位主管可能要問自己：「觀眾有沒有聽不懂的地方？」「有什麼地方可以改進？」「簡報的順序要怎麼調整會更好？」無獨有偶，AQ中也強調反思問題的重要性（做什麼、為什麼、怎麼做、什麼時候、在哪裡、是誰）。當問題與答案（譬喻、故事、概念、理論、程序、行動）結合時，反思代表的是在腦中進行對話排練，進而提高學習能力。反思能透過既有知識建立新連結，並提供練習機會，進而學習得更好。

在培訓與重要談話之前、談話過程中與談話之後，反思都很重要。例如，業務員應該要提前預測簡報過程中會被問到的問題，以及要給客戶的答案。在諮詢專案啟動之前，我的事前分析來自於想像專案會失敗、我們都死定了。在執行專案開始之前，先反思為什麼會發生這種情況，可以在發生狀況之前找出問題，並且解決問題。就像是很多學生經常沒有準備就來上課，然而老師應該要讓學生負責在課前反思，例如可以要求每個學生在上課前要準備問題，在課堂上對其他同學提問。

反思也是練習的一部分。不應該放任學生什麼都不做，而是要在練習過程中讓他們學習傾聽問題、反思，並且提出深思熟慮過後的答案。老師需要在學習過程中鼓勵學生反思，舉例來說，課堂上的任何問題都需要一分鐘的思考時間，學生才能說出答案。或者，等到有三個人舉手時（給予思考的空間），才讓某人回答問題，然後讓三個人都說出自己的答案（給予不同意見）。另一個技巧是思考／分組／分享。學生單獨思考（反思），接著分組進一步反思，最後把最好的想法分享給所有人。

培訓期間本來就有反思，但是針對重要專案、簡報或其他實際工作的反思，常常會因為工作太忙而被擱置。然而，充滿挑戰的日常工作才最需要反思。大家都知道，阿波羅十三號航行期間，一個破裂的服務艙氧氣瓶差點釀成災難，但是太空人與任務控制小組在危急的時候（依據訓練與經驗）認真反思，才擬定出拯救所有太空人的程序與行動。在AQ中，工作中的反思包括五個高AQ實踐法，並且要練習即時回答問題與提出答案。

最後，關鍵事件後的反思，屬於傳統的事後分析。以AQ為主的事後分析可以聚焦在任何一個高AQ實踐法。舉例來說，檢視高AQ實踐法1是否講了引人入勝的故事？譬喻是否到不到位？如此一來便可以把六種答案類型都反思一遍。

詳細闡述

詳細闡述是要找到超越現有理解的新意義。在AQ中，這可能代表著要把一個答案延伸，用另外五種類型的答案來描述。舉例來說，執行委員會的主要議程可能是處理公司的員工流動率問題。執行長先說了一個故事，接著另一位高階主管可能會提到員工離職的程序（程序答案）以及一些能及早預防的時機。另一位主管可能會說一個譬喻，把員工流動譬喻為磁鐵與鐵屑，說明自己對流動率的理解。磁力可能會吸引或排斥鐵屑，員工認同感也是一種吸引或推開員工的力量。依此類推，便能夠延伸成六種類型的答案。

當答案彼此延伸連結時，在同等級或同樣架構的答案類型之間將知識水平擴展，就稱為「補充說明」（參見第6章〈高AQ實踐法3〉）。相較之下，垂直闡述是將答案中的知識再加以闡述。例如，行銷部門可以採用一個譬喻來展現公司的價值。垂直闡述可能包含業務員針對他們認同的價值再提出另一個譬喻。結合水平與垂直闡述，可以畫出一個答案闡述四象限圖，相互結合應用便能提升學習能力。詳細闡述的好處包括提升熟練度與記憶。

產出

解決問題比硬背解決方法更好。

——布朗、羅迪格三世與麥克丹尼爾

（摘自《超牢靠記憶法》原書第88頁）

給答案或給出任何主題的六種答案時，很容易就能簡單帶過、甚至完全忽略相關問題。想像有一本大學教科書，書中提供學生答案，但重點卻和這些答案的問題無關；或是一個公司網站的未來展望只有產品、試用品等。為什麼這樣的教科書或網站給出答案時，學生或客戶會有疑慮？這是因為，從提問到確定答案是一段很重要的學習過程。在課堂上，如果老師直接給學生解答，他們會認為問題很簡單。相反的，如果問學生問題，並且讓他們各自獨立解答，通常不會有明確的答案。於是，當揭曉解答時，學生會如同醍醐灌頂，更加了解答案的來龍去脈。就像業務員都知道，如果買家沒有問題，代表買家很可能沒有和產品建立起有意義的連結，甚至可能並不需要解決方案。

產出的用途在於解決問題。以AQ而言，「產出」的重點在於從問題到答案的旅程。在這趟旅程中，需要主動學習來連接缺乏知識（強調問題）到知識（強調答案）之間的缺口。首先，要啟發學習者問出重要問題。其次，學習者必須努力想出自己的答案。此時，通常會出現正確答案，這個答案可以是主觀的（例如和個人經歷有共鳴的故事），也可以是客觀的（例如綜合分析證實的理論、統計數據整合研究）。第三，如果正確答案來自另一個人（如老師、賣家），大家更容易接受、理解，因為他們已經走過前兩個步驟。

校正

校正和績效評估有關。就像駕駛艙裡的飛行員要了解空速、高度、航向以及其他飛行指標。學習過程中，也必須透過考試來校正。講到大學就會想到考試，大學考試通常風險很高，而且比起學生發展，更強調成績。相反的，校正成績的考試風險比較低、頻率高，並且強調長期發展。接著我們會討論三個關於校正且具有AQ意義的面向：標準、評分者與評分。

標準

在任何測試中，評估標準都和目標與／或性質有關。在AQ中，提問的目標是找到答案。這樣說來，每個問題（為什麼、做什麼、怎麼做）都可以根據答案令人滿意的程度（故事、譬喻、理論、概念、程序、行動）來評估。此外，另一種檢視目標的方法是考量答案風格以及答案風格形成的影響。關係風格（譬喻、故事）的目標是情感聯繫；分析風格（概念、理論）的目標是解釋與預測複雜的世界；實用風格（程序、行動）的目標是達成結果。目標是以結果為導向，而相較之下，屬性則是以向內輸入為導向。如高AQ實踐法1指出，每一種答案類型都具有關鍵屬性，而關鍵屬性和答案的品質高低有關。例如，高品質的概念答案有兩種屬性：可以被定義，以及可以分解成更小的次要面向。

評分者

校正的第二個面向是評分者。在傳統的學習模式中，老師就是評分的人。現代的學習模式除了老師的評分外，還強調自我、同儕與團隊的評分；這些都要納入AQ的校正。此外，答案的評分者應該是提出問題的人，由他判斷問題是否有令人滿意的回答。最後，傳統考試是一種學習回饋的形式，現在則可以用數位模擬、角色扮演與其他方式來補充、甚至替代傳統的回饋方式。重點在於回饋的品質，而不是回饋的方法。

評分

我們將評分定義為構成正確答案的因素。如第6章討論到，一個答案（如理論）要和其他答案（如概念、譬喻、故事、程序、行動）達到某種程度的一致性才正確。這就如同一艘適合航行的船不能有裂縫。如果答案不一致，就表示有一個或許多個答案不合適，需要重新檢視。

每一種回答風格都有不同的標準。分析風格（理論、概念）與客觀的科學方法與外顯知識（externalized knowledge）有關。根據這個定義，可以提出假設（對世界運作的信念）來連結概念之間的理論關係，並且用統計數據驗證。舉例來說，如果企業想要預測職涯滿意度，也就是員工職涯指導結果，則可以用多元迴歸分析比較輔導要素（如角色建立、社會支持與職涯支持），找出員工輔導最重要的面向。分析職涯指導、領導力、談判或任何AQ主題時，學術期刊通常稱之為研究。綜合分析（統計數據綜合分析）可以針對職涯輔導（其他主題也是）提出建議。當企業在研究這些現象時，通常就叫做「商業分析」。

關係風格（故事、譬喻）和經驗與情感聯繫有關。如果一個故事或譬喻和經驗相符，就會讓人覺得是真的。這個標準很主觀，並且和自我感受有關。如果感覺對了，那就是正確答案。關係風格和強調理性、邏輯與數據分析的分析風格完全相反。

實用風格（程序、動作）是由易用性（usability）來判斷。在製造業，有效的程序與行動可以減少不良品與瓶頸，並且提升每一位工人的產能；這些都在強調有形的好處。在AQ中經常強調的「服務接觸」（service encounter）裡，例如導師制度、程序與行動都可以根據易用性來判斷。例如，導師可能知道社會支持的概念，但不知道該怎麼具體（在行動或程序方面）結合社會支持。我研究過的一位導師說，他在走廊上看到學員時會刻意練習微笑打招呼。反過來說，這位導師也可以把這個簡單的做法推薦給其他導師。分析風格與實用風格之間的差異很微妙。分析風格的答案很難直接觀察到，例如導師制度就是一個抽象的概念。然而，實際答案如微笑打招呼，則是可以直接觀察到。

轉動的輪子

AQ環狀圖是一個環狀的變數排序，而且有許多個切入點。有些學生可能喜歡實用風格的答案（流程、行動），有些學生可能喜歡和個人經歷相關的關係風格的答案（故事、譬喻），還有一些學生可能喜歡用分析風格的答案（理論、概念）來理解周圍的世界。個人偏好可能代表不同的學習方式。儘管如此，我們的經驗是，創造與持續學習需要所有的答案風格。

學習AQ就像腳踏車上旋轉的車輪，輪胎由六個答案組合而成，而且每一種答案類型就像一個向後延伸到車輪中心花鼓部分的輻絲。在輻絲損壞的情況下，可以再騎幾天或幾週，但是騎車的時間愈長，車輪旋轉的速度就與慢。如果輪胎被刺破，車輪便可能立即停止轉動。無論是損壞的輻絲或是被刺破的車輪，就像只要任何一個答案不好，學習AQ的能力就有可能會減慢，或是全部停下來。想像領導力培訓的開場簡明扼要，引發共鳴的領導力故事直擊人心，並且產生情感認同。此時，車輪開始轉動；但是，我們可能很快就發現，這個故事沒有可靠的理論或概念，也沒有研究、沒有證據，全都是虛構。學習者就像在分析時遇見坑洞，輪胎可能會立刻爆胎，讓整個車輪以及所有答案停滯不前，也遏止故事的情感支持。我們假設騎腳踏車的人真的撞到一個坑洞，而不是分析上的坑洞，也許培訓就無法在領導程序或行動上提供具體建議，故事就會變成膚淺的承諾、爆胎，再也無法引起情感共鳴。反過來說，如果所有答案都是可信的，便能夠相互補強，並且在一開始以及後續訓練期間，讓輪子更加有動力。

反思學習與專業發展

蘇羅是學習發展專家，本章採用我們與他的一段對話作為結論，探討企業環境中會有什麼樣的學習AQ。以下提問者是我與基斯，回答的人則是蘇羅。

問：「身為學習發展專家，AQ的吸引力是什麼？」

答：「首先，AQ很有道理。如果把AQ架構（六個面向的AQ環狀圖）拿給經理人看，他們一定會覺得很熟悉。AQ環狀圖把他們的經驗整合起來，立刻會產生共鳴。其次，每個人都可以藉由AQ來改進自己。畢竟，能靈活運用所有六種答案的經理人並不多。第三，AQ的架構可以應用在客服、銷售、領導力、簡報或是培訓經理人的各個方面上。」

問：「AQ理論和其他學習理論比起來如何？」

答：「不是非此即彼，AQ可以和其他學習理論一起使用。例如銷售方法有很多，而任何銷售方法都可以結合AQ。當受訓學員可以給出六種答案，並使用五種高AQ實踐法時，便更能運用所有培訓的內容。」

問：「對於想在培訓中使用AQ的人，你有什麼簡單的建議嗎？」

答：「我會建議兩個步驟。首先，每次培訓都準備一份AQ概要，簡述六種答案類型，可以是一份簡短的簡報或講義，整個培訓過程都會用到。第二，我會要求參加培訓的人角色扮演。所以如果主題是衝突管理，我會讓他們兩人一組，模擬六種處理衝突情況的答案。」

問：「進行培訓時，您提供答案的順序是什麼？」

答：「在我們公司，我會從故事與譬喻（關係風格的答案）開始，然後是理論與概念（分析風格的答案），最後用程序與行動（實用風格的答案）結尾。」

問：「為什麼要從故事開始？」

答：「我們公司有講故事的傳統，很重視公司的歷史，並且會用故事來分享歷史，但其他公司可能有不一樣的順序。或許對一間科技公司來說，理論與概念會放第一，因為員工更善於分析。」

問：「本章裡，我們回顧了七個學習概念。除了我們對這些概念的描述之外，您覺得有什麼可以補充？」

答：「我認為所有的概念裡，交錯練習對AQ來說可能最重要。使用不同的答案類型來練習AQ很重要，這和高AQ實踐法1說的一樣。棒球的譬喻讓我很有共鳴。每一種答案類型（理論、概念、故事、譬喻、程序、動作）就像不同的投球方法（快速球、曲球、蝴蝶球等）。以棒球來說，如果在訓練時沒有交錯練習，就不可能投出平均水準或施展力量。學習如何將當下的球投好非常重要，重要對話也是如此。如果沒有將不同的問題與答案交錯練習，就無法在真正有利害關係的場合說服、告知對方，或是和對方建立關係。」

第 4 部

我們需要AQ嗎？需要！

在整本書中，AQ主要是一種溝通方式，其次則是一種智力（intelligence）。這一部的重點在於直接將AQ和溝通與能力理論拿來比較。比較新理論和其他理論時，可以用一種簡單的標準：新理論是否為現有理論增加價值？我們選擇某一種理論是因為，和其他理論相比，它更有價值。根據統計，溝通理論共有213種。縱觀這個理論清單，要檢視AQ對溝通的貢獻，其中一種方法是直接將AQ與「傳遞者－接收者」溝通模型比較。溝通概論教科書為初學者整理了現有的理論，幫初學者決定什麼最重要、要包含什麼，以及刪去什麼。在這些教科書裡，「傳遞者－接收者」模型被視為標準溝通模式。「傳遞者－接收者」模型是最簡單的溝通理論之一，支撐起學術界多數理論，並從一般人的視角展示出日常溝通的過程，包含工作、家裡與社會各個角落。AQ是答案理論，而這個觀點增加我們對「傳遞者－接收者」模型的理解，這個模型主要強調的是資訊交換。開始閱讀本書時，讀者就知道問題與答案是資訊交流的核心。AQ將這個直覺拆解分析成一個問答理論。隨著本書又再繞回來，本章重點在於如何將AQ這個答案（與問題）理論加入我們對問題的既有理解，並提出對於對話的新理解。從最廣泛的角度來看，AQ的價值在於強調溝通即是訊息交換，重塑我們對「傳遞者－接收者」模式的理解，並重新將「傳遞者－接收者」模式塑造為溝通的對話模型，強調溝通是問答交換的過程。

智力的研究是從「認知智力」（cognitive intelligence）開始，並從此發展出多種智力指標，像是情緒智力（emotional intelligence）、實務智力（practical intelligence）等。我認為AQ和現有的智力理論一致。如果你很聰明，代表IQ高；如果你能感知、理解與調整情緒，代表有EQ。而IQ與EQ都需要轉換為答案，才能使他人受益並帶來影響。

17
溝通

據估計，主管有50～90%的時間都花在溝通上[1]，且溝通與工作績效有關[2]。工作場所有70～80%的事故都是因為溝通不良而造成[3]。由於溝通不良，每週至少會浪費14%的溝通資源。[4]在一份涵蓋85所商學院的招聘人員研究中，溝通能力被列為求職者最重要的技能。[5]在企業層面，順暢無礙的溝通能增加7%的市場價值。[6]結論是，溝通很重要。

溝通的標準模型

70多年來檢視溝通成敗與否的方法是，於1948年由美

1 Schnake, Dumler, Cochran,& Barnett, 1990.
2 Penley, Alexander, Jernigan, & Henwood, 1991.
3 B NASA study cited by Baron, n.d.
4 Armour, 1998.
5 Alsop, 2006.
6 Meisinger, 2003.

國數學家克勞德・夏農（Claude Elwood Shannon）與瓦倫・韋弗（Warren Weaver）為貝爾實驗室開發出來的溝通流程模型。這個基本模型包括提供訊息的「傳遞者」與提供回饋的「回應者」。[*]之後有好幾個理論從不同角度檢視這個模型，並加以延伸。

圖17.1　溝通的標準模型

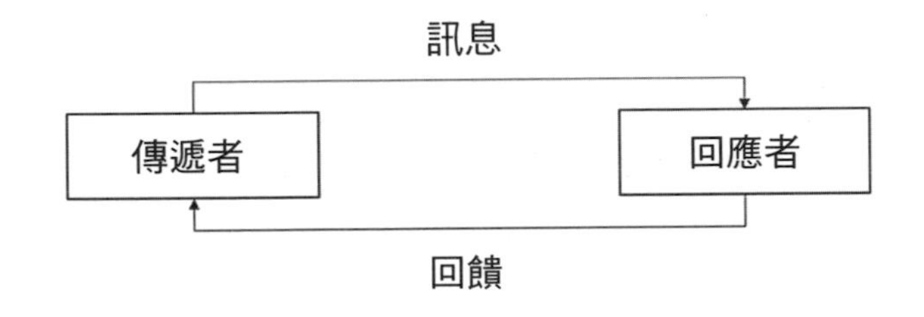

傳遞者是原始消息的來源，例如主管、員工或客戶。我們想一想從行銷部主管（傳遞者）到實習生（回應者）的溝通過程。在溝通訊息之前，主管可能有一個想法：「我覺得客戶人物誌專案的執行時間拖太久了。」

* 作者注：原文將「回應者」稱為「接收者」。以我的想法，「回應者」是更適合的詞，代表雙方都能夠主動交換資訊；「接收者」則暗示傳遞者的訊息最重要，接收者只能針對傳遞者的原始訊息來回應。然而，傳遞者（第一輪）與回應者（第二輪）則有輪流主動遞話的意味，差別在於溝通順序。

這種想法會被轉譯為文字或行動（非言語行為）來形成訊息。主管的訊息可能是：

> 客戶人物誌的專案進度有點慢，請想辦法完成初步研究。我希望能在這個月底用電子郵件發布行銷活動，但我們的進度已經落後了。

這個訊息會透過某個管道傳達出去，藉由這個途徑從傳遞者送給回應者；這個管道包括口語與／或文字交流的選擇、面對面表達或透過科技、一對一或一對多的溝通，但不限於這些方法。

回應者是初始訊息的接收者，賦予訊息意義後便可以轉譯訊息。例如，前文中的訊息可能會被解讀為「最好找另一個實習生提姆來幫我，我需要更多人手來完成這個工作。」

回應者將含義轉譯為文字或行動（非言語行為），才能給予回饋。回饋就像是接受「回應者」是反向溝通的原始傳遞者。例如，回饋可能是：「我要找提姆來幫忙，明天一起把事情完成。」

傳遞者認為的訊息含義可能和回應者認為的含義不同。在這個例子中，主管可能希望今天做好，而不是明天。

最後，雜訊是指干擾或扭曲訊息或回饋的東西，可能來自傳遞者或回應者的內部或外部。舉例來說，內部雜訊可能是壓力，外部雜訊可能是模稜兩可的語言。

溝通的對話模型

在《韋氏辭典》中，「溝通」的定義是：資訊交換的過程。[7]傳統的溝通模型呈現的是流程的形式，並沒有考慮到確切的溝通內容。確實，過程中有訊息，也有回饋，但除此之外並沒有提及溝通內容。例如，是否有不同類型的訊息？是否有不同的回饋方式？

溝通的對話模型則是以AQ來傳達，可以透過將傳遞者與回應者提出的「訊息」與「回饋」，都改為「問題與答案」，從而彌補溝通內容的缺失。

我將溝通定義為「傳遞者與回應者之間交換問答的對話」。換句話說，每一次對話都可以簡化為交換問題與答案，僅此而已。對話可以是長達十幾集的劇本（由傳遞者開始與結束），也可以是重複好幾次的單一對話。延伸前文的

7 https://www.merriam-webster.com/dictionary/communication?utm_campaign5sd&utm_medium5serp&utm_source5jsonld.

圖17.2 溝通的對話模型

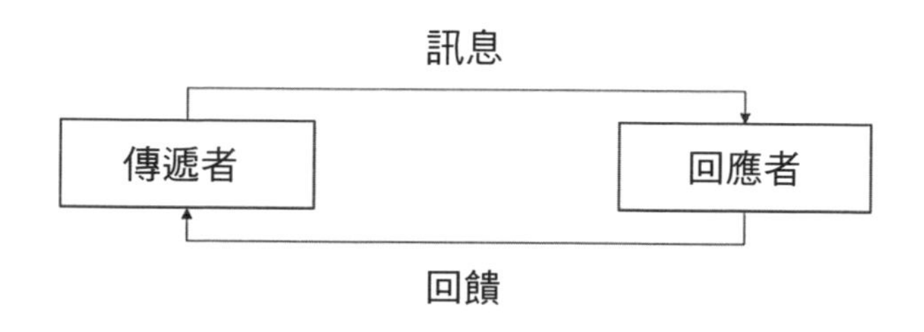

例子，主管與實習生可以扮演「傳遞者」或「回應者」，提出三個問題（做什麼、為什麼、怎麼做）或提供六個答案（譬喻、故事、概念、理論、程序、行動），總共有九種溝通訊息。例如實習生（作為傳遞者）可以問：「為什麼客戶人物誌那麼重要？」主管（作為回應者）可能會說：「客戶人物誌可以讓我們滿足每一位客戶的獨特需求。」這屬於理論答案。

這時候，你可能會想問：「那又怎樣？知道有九種溝通訊息很重要嗎？」傳統的溝通模式和溝通的對話模式（強調問題與答案），就像跳棋與國際象棋。跳棋只有一種棋子（跳棋棋子），而國際象棋則有六種棋子（國王、皇后、主教、馬、車、兵）。比起跳棋，國際象棋需要更多的策略，而在重要對話中使用六種答案（故事、譬喻、概念、理論、程序、行動）也是如此。此外，凸顯六種答案的同時還可以聚焦在三種問題類型上（做什麼、為什麼、怎麼做），代表每個對話者都可以操控九種棋子。照理說，九種棋子比六種棋子更具挑戰性。因此展現對話中的問答能力需要更有策略。確實，要達到高AQ就要對五個高AQ實踐法有所了解，這也是本書的重點。

要了解對話策略，可以從以下的四象限圖開始，這個象限圖提供有用的資訊。其中九種溝通訊息（三個問題×六個答案）可以再分類為傳遞者與接收者（如主管或實習生）的問題與答案，形成四個基本的對話象限。

圖17.3　對話四象限圖

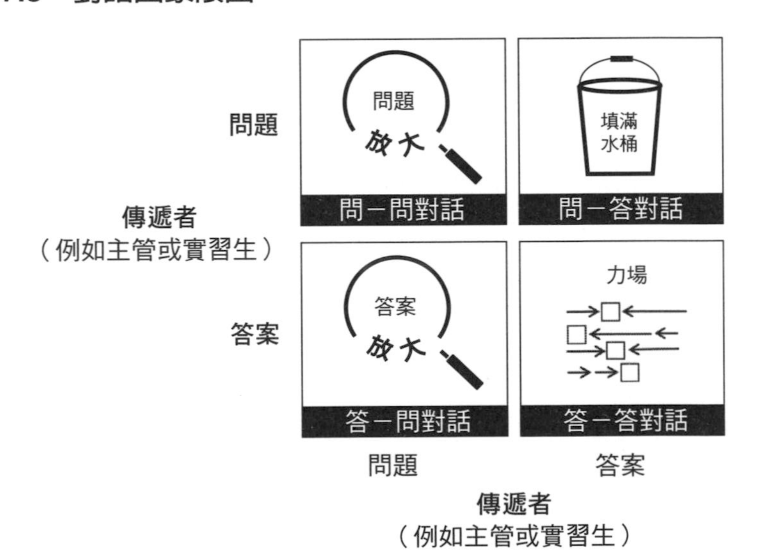

問—答對話

回答出現在提問之後（問—答對話）就像傳遞者與回應者一起將水桶填滿，傳遞者發起一個問題（水桶），而回應者回答（把水裝進桶子裡）。例如，作為傳遞者的實習生提出一個問題。提問是為了補足知識（結構型、闡述型或程序型）的不足。接著作為回應者的主管提供答案（理論、故事、概念、譬喻、程序、行動），目的是為了傳遞知識。

行銷實習生 知識空缺	**行銷實習生 問題（傳遞者）**	**行銷主管 答案（回應者）**
結構型知識	為什麼客戶人物誌這麼重要？	理論、故事
闡述型知識	什麼是客戶人物誌？	概念、譬喻
程序型知識	我們如何使用客戶人物誌？	程序、行動

> 問－答對話（填水桶）的目的是利用傳遞者的問題，讓回應者將知識（結構型、闡述型、程序型）以答案的形式（理論、故事、概念、譬喻、程序、行動）轉交給傳遞者。

答－問對話

先給答案再提問（答－問對話）放大了問題，因為回應者更能夠針對傳遞者的答案來提問。答案可以是一句陳述句，最後以句點結束。行銷部主管可以提出理論：「客戶人物誌讓我們可以滿足每一位客戶的獨特需求。」此外，行銷部主管（傳遞者）可以將客戶人物誌定義為「關於目標客戶特性的研究資料」。此外，答案可以是命令句，以句點結尾的指令或要求。例如，行銷部主管（傳遞者）可能會說：「週一前完成客戶人物誌。」也可以把這種命令句改成表達強烈感受的感嘆句，並以驚嘆號結束。第一句是理論答案，定義了因果關係（客戶人物誌→客戶需求滿意度）。第二句是概念答案，定義了客戶人物誌。第三句則是行動答案，要實習生把客戶人物誌完成。

在放大答案的對話中，回應者藉著提問來釐清答案，這麼做對傳遞者或回應者都有好處。我們從對回應者有好處的問題開始討論。

將答案放大的對話是為了回應者的利益。行銷部主管（傳遞者）提供的答案可以促使行銷部實習生（回應者）提問。如果傳遞者的答案和回應者的問題是同一個類型的知識（例如，都著重在結構型知識），代表傳遞者的答案讓問題很明確。例如，行銷部主管可能會說：「客戶人物誌讓我們可以滿足每一位客戶的獨特需求。」（理論答案；結構型知識）。行銷實習生可能會問一個很明確的問題：「為什麼客戶人物誌這麼重要？」（「為什麼」的問題；結構性知識），這個問題也許是個線索，意味著需要用故事來說明這個理論。

答案可以觸發探索性的問題，而這個問題和不同類型的知識有關，不僅是和答案同類型的知識。例如聽到理論（客戶人物誌→客戶需求滿意度）後，行銷部實習生可能會轉而再提出相關的探索性問題：「我了解了，那我們要怎麼運用客戶人物誌？」這是一個探索性問題，從結構型知識（答案）轉到程序型知識（問題）。行銷部實習生也可能在聽到理論（客戶人物誌→客戶需求滿意度）後，轉向提出另一個相關的探索性問題：「我聽不懂，什麼是客戶人物誌？」也許行銷部實習生根本聽不懂理論，因為他連客戶人物誌的基本概念都沒有。這便是一個從結構性知識（答案）到闡述性知識（問題）的探索性問題。

為了傳遞者的利益，而將對話中的答案放大。傳遞者提供最剛開始的答案，回應者則提出問題，點出他和傳遞者之間的知識差距。這和蘇格拉底（Socratic，西元前470～399年）提出來的方法一樣。「蘇格拉底反詰法」由蘇格拉底提出，他認為所有人類問題的答案都在我們心中，等著被挖掘。基本方法是第一個人先提出一個論點；第二個人知道這個論點，透過提問來回應這個論點並找出假設，而假設則可以幫助修正論點；然後，再提出下一個問題，以此類推，直到提出令人滿意且結構完整的論述。「蘇格拉底反詰法」

行銷部主管的回答（傳遞者）	行銷部實習生的問題（回應者）	提問目的
客戶人物誌讓我們可以滿足每一位客戶的獨特需求。（理論答案；結構型知識）。我來說個故事，從前從前……（故事答案；結構型知識）。	**為什麼客戶人物誌那麼重要？（結構型知識）** 什麼是客戶人物誌？（闡述型知識） 如何運用客戶人物誌？（程序型知識）	**釐清問題** 探討問題 探討問題
客戶人物誌是關於目標客戶特性的研究資料。（概念答案；闡述型知識）。客戶人物誌如同小說中塑造完整的角色，複雜、有深度、有情感與需求（譬喻回答；闡述型知識）。	為什麼客戶人物誌那麼重要？（結構型知識） **什麼是客戶人物誌？（闡述型知識）** 如何運用客戶人物誌？（程序型知識）	探討問題 **釐清問題** 探討問題
週一前完成客戶人物誌。（行動答案；程序型知識）。依照這些步驟，首先……。（程序答案；程序型知識）。	為什麼客戶人物誌那麼重要？（結構型知識） 什麼是客戶人物誌？（闡述型知識） **如何運用客戶人物誌？（程序型知識）**	探討問題 探討問題 **釐清問題**

是法律學院特有的訓練，也常用於商學院的訓練。以AQ而言，傳遞者提供答案（概念、理論、譬喻、故事、程序、行動），回應者則提供問題（做什麼、為什麼、怎麼做、什麼時候、在哪裡、是誰）。

舉例來說，課堂上有個學生（傳遞者）講了一個領導力故事，我會問：「為什麼這是領導力的故事？」學生會思考自己說過的故事，也許會說出更多和故事有關的細節來改善，或者也許放棄這個故事。除此之外，學生可以提供理論的因果關係X→Y；領導力是X或Y。當有人重複問同一個「為什麼」的問題，通常大概是重複五次，便會被稱為「五個為什麼」；連續問五次為什麼便能夠讓知識完整的結構呈現出來。實際上，重複問的次數可能小於五次，也可能超過五次。此外，就像五個為什麼一樣，也可以加入五個「怎麼做」或五個「做什麼」的問題，分別重複五次。

想像主管與實習生之間可能有的蘇格拉底反詰法。實習生已經完成入職培訓，針對客戶人物誌與主管討論了幾次。現在實習生準備好要做客戶人物誌並運用這份資料。這個任務最後，行銷部要用開發出來的客戶人物誌發送電子郵件，將行銷活動寄送給潛在客戶。主管可能會想用蘇格拉底反詰法和實習生溝通，這樣對方就能夠意識到他們積累的知識。

實習生（程序）：「我已經找出做客戶人物誌的四個步驟[8]了。

步驟1：研究目標受眾。

步驟2：把最常見的細節範圍縮小。

步驟3：創造不同的角色。

步驟4：依據角色性格編寫電子郵件。」

主管（「做什麼」的問題）：「很有趣，但究竟什麼是客戶人物誌？」

實習生（概念）：「嗯，我們討論過『客戶人物誌是關於目標客戶特性的研究資料』，這個過程正在實現。」這個程序就是為了達到這個目標。

主管（「做什麼」的問題）：「再想一想。我們用什麼來譬喻客戶人物誌？」

實習生（譬喻）：「我記得。客戶人物誌如同小說中塑造完整的角色，複雜、有深度、有情感與需求。」

實習生（程序）：「啊，我忘記角色會有名字了！

8 Mcguigan, 2017.

為角色取名可以讓人想到完整的角色特徵，所有的深度、感受與需求，所以寫電子郵件時，角色就會變得很真實。」

修改流程過後……

步驟1：研究目標受眾。

步驟2：將最常見的細節範圍縮小。

步驟3：創造不同的角色。

步驟4：為角色命名。

步驟5：依據角色性格編寫電子郵件。

在對話中將答案放大的目的是，要讓回應者提問，回應傳遞者的答案，以澄清或找出傳遞者或回應者的知識缺口。

問－問對話

針對問題再提問（問－問對話）是將問題放大的對話，因為回應者的問題是為了更了解傳遞者的問題。我和一位B2B銷售主管聊天時，他分享了一個常見的銷售錯誤。在銷售初期，沒有經驗的業務可能會太快回答「錯誤」的問題。舉例來說，潛在客戶可能會問：「多少錢？」如果在初次拜訪時馬上就回答這個問題，通常會讓銷售脫軌，因為潛在客戶還沒意識到自己的需求，也還不確定要花多少錢在這個產品上才能滿足需求。例如下列對話。

潛在客戶：「價格是多少？」

賣家：「價格對您來說是最重要的考量嗎？」

潛在客戶：「最重要的是可靠。」（潛在客戶現在被轉向更重要的問題。）

潛在客戶：「你們的產品可靠嗎？」

「問－問對話」指的是傳遞者提問，回應者再提問以便釐清問題，目的是確認「真正的問題」。想想實習生在實習第一天和行銷主管的對話。

行銷部實習生：「我要怎麼創造角色？」（實習生急於證明自己，想馬上開始。）

行銷部主管：「你知道什麼是角色嗎？」（主管意識到實習生並不了解角色的意義，所以要知道如何創造角色還太早。）

行銷部實習生：「就是……所以角色是什麼？」

放大問題對話的目的在於，讓回應者針對傳遞者的問題提問，用更一針見血的問題，讓傳遞者重新反思自己的真實需求或重點。

答－答對話

答案之後再補上一個答案的對話（答－答對話）如同推拉力場。如果回應者的答案和傳遞者的答案方向相同（→→），便可以進一步加強傳遞者的答案；或者，如果回應者的答案也可能和傳遞者的答案相反（→←）。舉例來說，回應者可以說一個故事，來強化傳遞者說的故事（→→），這屬於同類型答案的強化。或者，回應者可以提出一個和傳遞者故事不一致的行動（→←），這便是用不同答案類型來表示不贊同的方式。

臉書便是一個在討論過程中強化答案（通常是負面的）的媒體。舉例來說，我們對一篇貼文按讚就是加強答案。以AQ的說法而言，貼文代表答案，可以是故事、譬喻或六種答案類型中的任何一種。整體來看，我們傾向喜歡加強自己想法的貼文（→→）。根據估計，有68%的美國人知道的新聞來自社群媒體。[9]因此，左翼與右翼政治之所以自我強化到失去功能的地步，正是因為社群媒體的影響。不意外的是，78%的美國人認為共和黨和民主黨之間的分歧越來越大。[10]當民主黨與共和黨候選人辯論時，對話已經被社群媒體占滿，把新聞媒體排除在外（迎合雙方偏好）導致目標無法改變，互打對台的回答（→←）已經失去功能。

強化答案（→→）也可以很有用，想想行銷部主管與實習生的狀況。行銷部實習生可以提出角色塑造的五個步驟，包括步驟1：研究目標受眾。行銷部主管可以辨別出步驟1裡的重要行動作為回應。確切來說，研究目標受眾時，可以從前五名的消費者開始，了解這一點對行銷實習生很有幫助，這樣對消費者的性格才能有更廣泛且深入的了解。因此，強化答案就像拼拼圖，提供這個世界運作需要的程序型、闡述型與結構型知識，讓整個畫面更清晰。

最後，答案有所分歧也可以發揮功能（→←）。在封聖彌撒中，羅馬天主教會會指派一位魔鬼辯護人，也就是教會指定的律師來反對封聖。目的是為了充分探討支持與反對封聖的論述，才能得到最好的結論。在做商業決策時，最好的做法就是指定某個人當魔鬼辯護人。尤其是想推動或預設某

9 Matsa & Shearer, 2018.

10 PEW Research Center, 2019.

個結果，或是參與者之間有權力落差時，任何不一樣的觀點都可能被當作是在故意阻撓，即便提出的人並沒有這個意圖，而指定一位魔鬼辯護人可以平衡不同的觀點。以行銷部主管與實習生的情況來說，指派實習生當魔鬼辯護人可能很有用，這樣實習生便可以說出和資深主管不同的意見。

打造力場的對話目的在於，讓回應者提出一個答案，藉以加強（→→）或反對（→←）傳遞者的答案。加強論點的回答與反對論點的回答可能會很有用，但也可能讓對話功能失調。

總之，溝通的對話模型很簡單，但是這不僅是簡單延伸標準溝通模型而已。溝通是對話交流，包含一次或持續交換問題與答案。亞里斯多德（Aristotle）將修辭學（溝通）定義為尋找「所有說服手段」的過程。[11] AQ提升了溝通的價值，因為它是一個可用於任何重要對話的答案理論。而且，透過聚焦在答案上，AQ也可以讓我們更理解溝通過程中「問題」的角色。

11 Rhys Roberts, 1946.

18
智力

現代科學對智力的研究從1927年查爾斯・斯皮爾曼（Charles Spearman）的研究開始，他提出一般智力（general intelligence）對所有智力任務都很重要。[1]從那時候開始，理論家便提出許多種智力形式，從單一要素（一般智力）到多達150個要素的形式。例如，美國心理學家路易斯・瑟斯通（Louis Thurstone）於1938年提出七個要素：語言理解、言語流暢、數字、空間能力、聯想記憶、推理以及知覺速度。1985年，羅伯特・史坦伯格（Robert Sternberg）寫了一本書名為《超越智商》（*Beyond IQ*），提倡用更廣的角度看待智力，強調要更接近現實世界。他指出，學術上喜歡的所謂智力理論有很多值得批評的地方，或許稱為「實驗室工作或考試認知理論」更適合[2]。他的批評提醒了大家，「會讀書」和「理論上定義模糊的智力」可能不同，並認為真實世界中的人類智力是在學術象牙塔之外。丹尼爾・高爾曼（Daniel

1 Spearman, 1927.
2 *Beyond IQ*, P.29.

Goleman）1995年著作的《情商》（*Emotional Intelligence: Why It Can Matter More than IQ*）也隱諱的提到，除了認知智力之外，還有更重要的東西，而這也濃縮了商界以及整個社會的想法（Goleman, 1995）。將認知智力（IQ）與情緒智力（EQ）結合，便是讓世界有效運作的基本能力。

在這個背景下，我認為AQ也是智力的一種。首先，在多種智力的情況下，大家提出的很多種智力都和溝通有關。例如理解口語與文字的語言能力[3]、溝通知識的能力[4]、傾聽能力[5]，以及溝通能力[6]。其次，AQ之所以重要，是因為可以和真實世界連結。智力測驗被嗤之以鼻可能是因為和真實世界不相符。相比之下，AQ定義的六種答案類型（概念、理論、譬喻、故事、程序、行動）則是對真實世界有所影響的答案。

舉例來說，我認為AQ是長矛的尖端，而IQ與EQ則是長矛的柄。IQ與EQ讓長矛得以具備向前的力量，但沒有尖端的AQ，長矛便無法穿刺目標。舉例來說，你的IQ很高，但要是沒有將知識轉換為理論（答案）來釐清這個世界的運作，或者照程序（答案）把事情完成，或者用譬喻（答案）

3 Carroll, 1993; Gardner, 1983.

4 Carroll, 1993.

5 Mcgrew, 2011.

6 McGrew, 2011.

來整合想法，IQ的影響力便減弱了。同樣的，你的EQ很高，但如果沒有辦法找出正確程序（答案）來減輕別人的壓力，或是用對的故事（答案）來表達同理，那麼和他人共感的能力等於浪費了。總而言之，IQ與EQ都需要透過答案來發揮影響力。

（學術界）許多人會批評我將AQ視為一種智力的觀點，但僅是我對於AQ的描述，就足以讓AQ和IQ與EQ並列在智力的拉什莫爾山（Mount Rushmore）*上。長期以來，智力的學術理論和內隱（人格）理論之間一直有所分歧。即便如今，學術界也批評EQ不過是智力的一種形式。本書是為讀者的實際需求所寫，所以我並不在乎AQ是否被歸為智力的一種，或者是否被視為一種能力、技能，或者是否屬於其他分類。我在乎的反而是，能不能把AQ的重要性好好表達出來。在想出AQ這個名詞之前，我發現自己在描述AQ時，經常會和IQ與EQ放一起比較。正因為這個比較，AQ這個名詞出現了。總而言之，AQ這個詞彙只是一個譬喻（某種答案），反映我的信念。我認為AQ是一種重要能力、基礎能力（如IQ與EQ），可以讓學校、工作、家庭或任何生活領域更加順利。

* 編注：美國四位總統石雕的所在地。

第5部
RAISEYOURAQ.COM

AQ是一種溝通理論，需要持續反思與練習才能夠提升自己的影響力。如需其他協助、資源、工具或數位評量，請至官網：www.raiseyouraq.com。

參考資料

2019 Global Talent Trends Report. (2019). LinkedIn. Retrieved from https://business.linkedin.com/talent-solutions/blog/trends-and-research/2019/globalrecruiting-trends-2019

Alsop, R. (2006). The top business schools: Recruiters' MBA picks. *The Wall Street Journal*.

American Academy of Pediatrics. Immunizations. Retrieved from https://www.aap.org/en-us/about-the-aap/aap-press-room/campaigns/immunizations/Pages/default.aspx. Accessed on June 14, 2020.

Anderson, W., Bramwell, E., & Hough, C. (2016). *Mapping English metaphor through time*. Oxford: Oxford University Press. Retrieved from https://books.google.com/books?id5en7ADAAAQBAJ.

Armour, S. (1998). Failure to communicate costly to companies. USA Today B, 1.

Barrick, M. R., & Mount, M. K. (1991). The big five personality dimensions and job performance: A meta-analysis. *Personnel Psychology*, 44, 1–26. Retrieved from http://search.epnet.com.proxy.cc.uic.edu/login.aspx?direct5true&db5bsh&an59609192320.

Bolles, R. N. (2012). *What color is your parachute?* Berkeley, CA: Ten Speed.

Boston Mutual Life Insurance Company. Family matters. No matter what. Retrieved from https://www.bostonmutual.com/. Accessed on June 5, 2020.

Brown, P. C., Roediger, H. L., III, & McDaniel, M. A. (2014). *Make it stick*. Cambridge, MA: Harvard University Press.

Carroll, J. B. (1993). *Human cognitive abilities: A survey of factor-analytic studies*. Cambridge: Cambridge University Press.

Chamber, A. T. (1988). *Theory in the social sciences*. Reading, MA: Addison-Wesley.

Communication Theory. List of theories. Retrieved from https://www.communicationtheory.org/list-of-theories/. Accessed on December 5, 2019.

Coopey, J., Keegan, O., & Emler, N. (1997). 'Managers' innovations as 'sensemaking'. *British Journal of Management*, 8, 301–315.

Csikszentmihalyi, M. (1990). *Flow: The psychology of optimal experience*. NewYork, NY: HarperCollins.

De Dreu, C. K., Weingart, L. R., & Kwon, S. (2000). Influence of social motives on integrative negotiation: A meta-analytic review and test of two theories. *Journal of Personality and Social Psychology*, 78(5), 899–905.

DeFrain, J., & Asay, S. M. (2007). Strong families around the world. *Marriage & Family Review*, 41(1–2), 1–10. doi:10.1300/J002v41n01_01

Dictionary.com. Technology. Retrieved from https://www.dictionary.com/browse/technology?s5t. The American Heritage® Science Dictionary Copyright© 2011. Boston, MA: Houghton Mifflin Publishing Co.

Down, S., & Warren, L. (2008). Constructing narratives of enterprise: Clich´es and entrepreneurial self-identity. *International Journal of Entrepreneurial Behaviour and Research*, 14(1), 4–23. doi:10.1108/13552550810852802

The Economist, London, United Kingdom. (March 20, 1993). p. 106.

Fisher, R., & Ury, W. (1981). *Getting to yes*. New York, NY: Houghton Mifflin.

Foa, U. G., & Foa, E. B. (1974). *Societal structures of the mind*. Springfield, IL: Charles C Thomas.

Follett, M. P. (1940). Constructive conflict. In H. C. Metcalf, & L. Urwick (Eds.), *Dynamic administration: The collected papers of Mary Parker Follett*. New York, NY: Harper.

Freedman, J., & Combs, G. (1996). *Narrative therapy: The social construction of preferred realities*. New York, NY: W.W. Norton & Company. Retrieved from http://books.google.com/books?id5cE9NHan9a2IC

Gardner, H. (1983). *Frames of mind: The theory of multiple intelligences*. New York: Basic Books.

Gardner, W. L., Avolio, B. J., Luthans, F., May, D. R., Walumbwa, F., Gardner, W. L.,… Walumbwa, F. (2005). "Can you see the real me?" A self-based model of authentic leader and follower development leader and follower development. The *Leadership Quarterly*, 16(3), 343–372. doi:10.1016/j.leaqua.2005.03.003

Gardner, W. L., Avolio, B. J., & Walumbwa, F. O. (2005). Authentic leadership development: Emergent themes and future directions. In W. L. Gardner, B. J. Avolio, & F. O. Walumbwa (Eds.), *Authentic leadership theory and practice: Origins, effects and development* (pp. 387–406). London: Elsevier.

Glibkowski, B. C., McGinnis, L., Gillespie, J., & Schommer, A. (n.d.). "How" narratology narrows the organizational theory-practice gap. *Human Resource Development Review*, 13, 234–262.

Goffman, E. (1959). *The presentation of self in everyday life*. Garden City, NY: Doubleday.

Goleman, D. (1995). *Emotional intelligence*. New York, NY: Bantam Books. Retrieved from https://books.google.com/books?id5XP5GAAAAMAAJ

Goleman, D. (2013). *Focus: The hidden driver of excellence*. New York, NY: Harper. Retrieved from https://books.google.com/books?id5yWSCz6E1c8cC.

Greene, J. O. (2003). Models of adult communication skill acquisition: Practice and the course of performance improvement. In B. R. Greene, & J. O. Burleson (Eds.), *Handbook of communication and social interaction skills* (pp. 51–92). Mahwah, NJ: Lawrence Erlbaum Associates.

Greene, J. O., & Burleson, B. R. (2003). *Handbook of communication and social interaction skills*. New York, NY: Routledge; Taylor & Francis. Retrieved from https://books.google.com/books?id50oqLRZQbLmIC

Greenleaf, R. K. (1977). *Servant leadership: A journey into the nature of legitimate power and greatness*. New York: Paulist Press.

Heller, E. (2000). *Psychologie de la couleur – effets et symboliques* (pp. 69–86). Retrieved from https://www.amazon.com/Psychologie-couleur-French-Eva-Heller/dp/2350171566

Hoyle, D. (2009). *ISO 9000 quality systems handbook: Using the standards as a framework for business improvement*. Oxford: Butterworth-Heinemann. Retrieved from https://books.google.com/books?id5HWNWdBisJcoC

International Coaching Federation. (2020). About ICF. Retrieved from https://coachfederation.org/

about. Accessed on February 5, 2020.

Joseph, D. L., & Newman, D. A. (2010). Emotional intelligence: An integrative meta-analysis and cascading model. *Journal of Applied Psychology,* 95(1), 54–78.

Kluger, A. N., & De Nisi, A. (1996). The effects of feedback interventions on performance: A historical review, a meta-analysis, and a preliminary feedback intervention theory. *Psychological Bulletin*, 119, 254–284.

Lewicki, R. J., & Litterer, J. A. (1985). *Negotiation. Homewood*, IL: Irwin.

Lexico. Drama. Retrieved from https://www.lexico.com/en/definition/drama. Accessed on June 13, 2020.

Liden, R. C., & Maslyn, J. M. (1998). Multidimensionality of leader-member exchange: An empirical assessment through scale development. *Journal of Management*, 24, 43–72. doi:10.1016/S0149-2063(99)80053-1

Liden, R. C., Wayne, S. J., Zhao, H., & Henderson, D. (2008). Servant leadership: Development of a multidimensional measure and multi-level assessment. *The Leadership Quarterly*, 19(2), 161–177.

Liker, J. (2004). *The Toyota way*. New York, NY: McGraw-Hill. Retrieved from https://books.google.com/books?id5gaWCsozQpPIC.

Locke, E. A. (1996). Motivation through conscious goal setting. *Applied and Preventive Psychology*, 5(2), 117–124.

Locke, E. A., & Latham, G. P. (1990). *A theory of goal setting and task performance*. Englewood Cliffs, NJ: Prentice Hall.

MacShane, S. L., & Von Glinow, M. A. Y. (2015). *Organizational behavior: Emerging knowledge, global reality*. New York, NY: McGraw-Hill.

Matsa, K. E., & Shearer, E. (2018). News use across social media platforms 2018. *Pew Research Center*, 10. Retrieved from https://www.journalism.org/ 2018/09/10/news-use-across-social-media-platforms-2018/

Mayer, J. D., Roberts, R. D., & Barsade, S. G. (2008). Human abilities: Emotional intelligence. *Annual Review of Psychology*, 59, 507–536.

Mayer, J. D., & Salovey, P. (1997). What is emotional intelligence? In P. Salovey, & D. J. Sluyter (Eds.), *Emotional development and emotional intelligence:Educational implications* (pp. 3–34). New York, NY: Basic Books.

McAdams, D. P. (2008). Personal narratives and the life story. In *Handbook of personality: Theory and research* (Vol. 3, pp. 242–262). New York, NY: Guilford Press.

McAllister, D. J. (1995). Affect- and cognition-based trust as foundations for interpersonal cooperation in organizations. *Academy of Management Journal*, 38(1), 24. Retrieved from http://search.epnet.com/login.aspx? direct5true&db5bsh&an59503271822

McGinnis, L. P., Glibkowski, B., & Lemmon, G. (2016). Introducing the question wheel, a circumplex model of communication developed from Expert Golf Instructors. International Journal of Sport Communication, 9(2), 167–190. doi:10.1123/ijsc.2016-0014

McGrew, K. (2011). Cattell-Horn-Carroll CHC (Gf-Gc) theory: Past, present & future. Retrieved from http://www.iapsych.com/CHCPP/CHCPP.HTML. Accessed on July 12, 2020.

Mcguigan, S. (2017). How to create a buyer persona in 5 simple steps. Retrieved from https://blog.aweber.com/email-marketing/create-buyer-persona-5-simplesteps.htm. Accessed on December 7, 2019.

McKee, R. (1997). *Story: Substance, structure, style, and the principles of screenwriting.* New York, NY: HarperCollins. Retrieved from http:// www.google.com/books?printsec5frontcover&id5TShO0_ANhZAC#v5onepage&q&f5false

Meisinger, S. (2003, February). Enhancing communications—Ours and yours. *HR Magazine*, 48(2). Retrieved from http://www.shrm.org/hrmagazine/archive/0203toc.asp

Meyer, J. P., & Allen, N. J. (1991). A three-component conceptualization of organizational commitment. *Human Resource Management Review*, 1, 61–89.

Miller, L. E. (2009). Evidence-based instruction: A classroom experiment comparing nominal and brainstorming groups. *Organization Management Journal*, 6(4), 229–238. doi:10.1057/omj.2009.32

Mills, H. (2003). Making sense of organizational change. London: Routledge.

Miner, J. B. (2003). The rated importance, scientific validity and practical usefulness of organizational behavior theories: A quantitative review. *Academy of Management Learning and Education, 2*, 250–267.

Mischel, W. (1977). The interaction of person and situation. In D. Magnusson, & N. S. Endler (Eds.), *Personality at the crossroads: Current issues in interactional psychology* (pp. 333–352). Hillsdale, NJ: Lawrence Erlbaum Associates.

NASA study cited by Baron, R. (n.d.). Barriers to effective communication: Implications from cockpit. Retrieved from http://www.airlinesafety.com/editorials/BarriersToCommunication.htm. Accessed on July 19, 2020.

Ohno, T. (2012). *Taiichi Ohnos workplace management: Special 100th Birthday edition.* Blacklick, OH: McGraw-Hill.

Ong, L. M., de Haes, J. C., Hoos, A. M., Lammes, F. B. (April 1995). Doctor-patient communication: A review of the literature. *Social Science & Medicine*, 40(7), 903–918.

Passmore, J., & Fillery-Travis, A. (2011). A critical review of executive coaching research: A decade of progress and what's to come. *Coaching: An International Journal of Theory, Research and Practice*, 4(2), 70–88.

Penley, L. E., Alexander, E. R., Jernigan, I. E., & Henwood, C. I. (1991). Communication abilities of managers: The relationship to performance. *Journalof Management*, 17(1), 57–76.

PEW Research Center. (2019). The partisan landscape and views of the parties. Retrieved from https://www.pewresearch.org/politics/2019/10/10/the-partisanlandscape-and-views-of-the-parties/. Accessed on July 12, 2020.

Pfeffer, J., & Sutton, R. I. (2006). *Hard facts, dangerous half-truths, and total nonsense: Profiting from evidence-based management*. Boston, MA: Harvard Business School Press.

Polanyi, M. (1969). *Knowing and being*. London: Routledge and Kegan Paul.

Porter, M. E. (1980). *Competitive strategy*. New York, NY: Free Press. ISBN 0-684-84148-7.

Psychogios, A. G., & Priporas, C.-V. (2007). Understanding total quality management in context: Qualitative research on managers' awareness of TQM aspects in the Greek service industry. *Qualitative Report*, 12(1), 40–66.

Rhys Roberts, W. (1946). Rhetorica. In W. D. Ross (Ed.), *The works of Aristotle* (Vol. XI, p. 6). Oxford: Oxford University Press.

Rynes, S. L., Colbert, A. E., & Brown, K. G. (2002). HR professionals beliefs about effective human resource practices: Correspondence between research and practice. *Human Resource*

Management, 41(2), 149–174.

Saxe, J. G. (1936). The blind men and the elephant. In H. Felleman (Ed.), *The best loved poems of the American people* (pp. 521–522). New York, NY: Doubleday.

Schmidt, F. L., & Hunter, J. E. (1998). The validity and utility of selection methods in personnel psychology: Practical and theoretical implications of 85 years of research findings. *Psychological Bulletin*, 124, 262–274.

Schnake, M. E., Dumler, M. P., Cochran, D. S., & Barnett, T. R. (1990). Effects of differences in superior and subordinate perceptions of superiors' communication practices. *Journal of Business Communication* (1973), 27(1), 37–50.

Searle, J. R. (1969). *Speech acts: An essay in the philosophy of language*. NewYork, NY: Cambridge University Press.

Shannon, C. E., & Weaver, W. (1949). *The mathematical theory of communication.* Urbana, IL: University of Illinois Press.

Shewhart, W. A., & Deming, W. E. (1986). *Statistical method from the viewpoint of quality control*. Mineola, NY: Dover Publications. Retrieved from https://books.google.com/books?id5ALGbNNMdnHkC

Spearman, C. (1927). *The abilities of man: Their nature and measurement*. New York, NY: Macmillan.

Sternberg, R. J. (1985). *Beyond IQ: A triarchic theory of human intelligence*. Cambridge: Cambridge University Press. Retrieved from https://books.google.com/books?id5jmM7AAAAIAAJ

Taylor, D. W., Berry, P. C., & Block, C. H. (1958). Does group participation when using brainstorming facilitate or inhibit creative thinking? *Administrative Science Quarterly*, 3, 23–47.

Thurstone, L. L. (1938). *Primary mental abilities.* Chicago, IL: University of Chicago Press.

US Hole In One. What are the odds that my event has a hole in one winner? Retrieved from https://www.holeinoneinsurance.com/hole-in-one odds.html. Acccssed on December 22, 2019.

Walton, R. E., & McKersie, R. B. (1965). *A behavioral theory of labor negotiations*. New York, NY: McGraw-Hill.

Weick, K. E., Sutcliffe, K. M., & Obstfeld, D. (2005). Organizing and the process of sensemaking. *Organization Science*, 16(4), 409–421. Retrieved from http://10.0.5.7/orsc.1050.0133.

Wetzels, M., de Ruyter, K., & van Birgelen, M. (1998). Marketing service relationships: The role of commitment. *The Journal of Business and Industrial Marketing*, 13(4–1), 406–423. doi:10.1108/08858629810226708.

Wiesner, W. H., & Cronshaw, S. F. (1988). A meta-analytic investigation of the impact of interview format and degree of structure on the validity of the employment interview. *Journal of Occupational Psychology*, 61(4), 275–290. Retrieved from http://search.ebscohost.com/login.aspx?direct5true&db5bth&AN54619031&site5ehost-live.

Woodwell, D. A., & Cherry, D. K. (2004). National Ambulatory Medical Care Survey: 2002 summary. *Advance Data*, 26(346), 1–44.

財經企管 BCB783

你有正確回答問題嗎？：提高 AQ 的六個方法
Answer Intelligence: Raise Your AQ

作者 ── 布萊恩・格里布考斯基博士　Brian Glibkowski, Ph.D.
譯者 ── 張玄竺

總編輯 ── 吳佩穎
書系主編 ── 蘇鵬元
責任編輯 ── 王映茹
封面設計 ── 謝佳穎

出版人 ── 遠見天下文化出版股份有限公司
創辦人 ── 高希均、王力行
遠見・天下文化 事業群董事長 ── 高希均
事業群發行人／ CEO ── 王力行
天下文化社長 ── 林天來
天下文化總經理 ── 林芳燕
國際事務開發部兼版權中心總監 ── 潘欣
法律顧問 ── 理律法律事務所陳長文律師
著作權顧問 ── 魏啟翔律師
社址 ── 臺北市 104 松江路 93 巷 1 號
讀者服務專線 ── 02-2662-0012 ｜傳真 ── 02-2662-0007；02-2662-0009
電子郵件信箱 ── cwpc@cwgv.com.tw
直接郵撥帳號 ── 1326703-6 號　遠見天下文化出版股份有限公司

電腦排版 ── 薛美惠
製版廠 ── 中原造像股份有限公司
印刷廠 ── 中原造像股份有限公司
裝訂廠 ── 中原造像股份有限公司
登記證 ── 局版台業字第 2517 號
總經銷 ── 大和書報圖書股份有限公司｜電話 ── 02-8990-2588
出版日期 ── 2022 年 10 月 31 日第一版第一次印行

國家圖書館出版品預行編目（CIP）資料

你有正確回答問題嗎？：提高 AQ 的六個方法／布萊恩・格里布考斯基（Brian Glibkowski）著；張玄竺譯 .-- 第一版 .-- 臺北市：遠見天下文化出版股份有限公司，2022.10
408 面；14.8×21 公分 .--（財經企管；BCB783）

譯自：Answer Intelligence: Raise Your AQ

ISBN 978-986-525-917-4（平裝）

1. CST：商務傳播 2. CST：溝通技巧 3. CST：職場成功法

494.2　　111017128

定價 ── 480 元
ISBN ── 978-986-525-917-4 ｜ EISBN ── 9789865259242（EPUB）；9789865259259（PDF）
書號 ── BCB783
天下文化官網 ── bookzone.cwgv.com.tw

天下文化
BELIEVE IN READING